消防给水排水工程

XIAOFANG JISHUI PAISHUI GONGCHENG

主　编　唐绍其　娄孟伟　尹辅臣

副主编　魏伊涵　谭雪慧　曾玲琴

编　委　唐绍其　王燕华　曾德明　娄孟伟　尹辅臣
魏伊涵　谭雪慧　李春花　甘赣龙　罗如强
邓继莹　蒋　富　雷　云　林　健　曾玲琴
刘书锦　潘新忠　苏小波　郭超艳

图书在版编目(CIP)数据

消防给水排水工程/唐绍其,娄孟伟,尹辅臣主编.—武汉：武汉大学出版社,2023.12

ISBN 978-7-307-23947-0

Ⅰ.消…　Ⅱ.①唐…　②娄…　③尹…　Ⅲ.消防—给排水系统—高等职业教育—教材　Ⅳ.TU99

中国国家版本馆 CIP 数据核字(2023)第 158527 号

责任编辑:胡　艳　　　责任校对:汪欣怡　　　版式设计:马　佳

出版发行：**武汉大学出版社**　(430072　武昌　珞珈山)

(电子邮箱：cbs22@ whu.edu.cn　网址：www.wdp. com.cn)

印刷:湖北金海印务有限公司

开本:787×1092　1/16　印张:12.25　字数:288 千字　插页:1

版次:2023 年 12 月第 1 版　　2023 年 12 月第 1 次印刷

ISBN 978-7-307-23947-0　　定价:46.00 元

前　言

消防给水排水系统是建筑物内部灭火系统的重要组成部分。该系统通过提供足够的水源和压力，确保在火灾发生时能够及时供应大量的水，进行有效的灭火作业，控制火势的蔓延，最大程度地保护人员生命安全和财产安全。建设和管理好消防给水排水工程，对于预防火灾的发生具有重要意义。通过合理的设计和施工，可保证消防设备的正常运行和维护，提高建筑物的防火性能，减少火灾的发生概率。本教材着重介绍建筑消防给水排水工程的相关知识和技术，内容涵盖建筑给排水基础知识、消防给水排水施工图识图、消防给水排水工程安装、消防给水排水工程量计算、消防给水排水工程安装实训指导、消防给水排水工程调试验收及运行管理等方面。

本教材的编写紧跟建筑消防行业技术的发展趋势，旨在满足建筑消防领域实现技术创新、转型升级的需求，以适应建筑消防领域安装施工技术人才的培养需要。本教材适用于高职院校建筑消防技术、建筑智能化工程技术、建筑设备工程技术等专业，并可作为安全管理与技术、消防救援技术等专业的教学参考书；同时，也可供相关工程安装施工与管理人员学习参考。

由于编者水平有限，书中难免有不足之处，恳请广大读者批评指正，以便及时修订与完善。

编　者

2023 年 8 月

前言

目　　录

项目1　建筑给水排水基础知识

◎ **知识目标**：熟悉建筑给水排水系统的分类；掌握给水排水系统的组成；掌握常用建筑管道的选用方法。

◎ **能力目标**：能够正确选用建筑管道；能够区分不同材质的管道的适用范围及连接方式。

◎ **素质目标**：培养学生的安全意识、工匠精神、创新思维；培养学生严谨、负责的工作态度和作风。

◎ **思政目标**：培养学生的质量意识；培养学生全面思考的能力。

任务1.1　建筑给水排水系统

1.1.1　建筑给水系统

建筑给水系统的任务是将符合水质标准的水送至生活、生产和消防给水系统各用水点，满足水量和水压的要求。

1.1.1.1　建筑给水系统的分类

建筑内部给水系统按照用途分类，可分为生活给水系统、生产给水系统、消防给水系统。

1. 生活给水系统

生活给水系统包括供住宅建筑、公共建筑，以及工业建筑内饮用、烹调、盥洗、洗涤、淋浴等生活用水。

根据用水需求的不同，生活给水系统又可细分为饮用水(优质饮水)系统、杂用水系统、建筑中水系统。

生活给水系统的要求：水量、水压应满足用户需要，水质应符合国家规定的《生活饮用水水质标准》。

2. 生产给水系统

生产给水系统是为了满足生产工艺要求设置的用水系统。包括供给生产设备冷却、原料和产品洗涤，以及各类产品制造过程中所需的生产用水。

生产给水系统可以再细分为循环给水系统、复用水给水系统、软化水给水系统、纯水给水系统等。

生产给水系统的要求：因生产工艺不同，生产用水对水压、水量、水质以及其他的要求各不相同。

3. 消防给水系统

消防给水系统是为住宅建筑、公共建筑，以及工业建筑中的各种消防设备设置的用水系统。一般高层住宅、大型公共建筑、车间都需要设消防供水系统。

消防给水系统可以细分为消火栓给水系统、自动喷水灭火系统、水喷雾灭火系统等。

消防给水系统按照水压不同，一般分为低压消防给水系统、高压消防给水系统以及临时高压消防给水系统，消防给水系统对水质要求不高，但需保证充足的水量和水压。

1.1.1.2　建筑给水系统的组成

建筑给水系统由引入管、水表节点、给水管网、卫生器具或生产用水设备、给水附件、增压及贮水设备、消防及其他设备组成。

(1)引入管：室外给水管引入建筑物或由市政管道引入至小区给水管网的管段。

(2)水表节点：安装在引入管上的水表及其前后设置的阀门和泄水装置的总称。

(3)给水管网：包括水平干管、立管、支管等。

(4)卫生器具及生产用水设备：用来满足日常生活或生产中各种卫生要求，收集和排除生活、生产中产生的污废水的设备。

(5)给水附件：分为配水附件和控制附件。

①配水附件：基本要求为节水、耐用、开关灵便、美观。

②控制附件：起调节水量或水压、关断水流、控制水流方向等作用的各种阀门。

(6)增压和贮水设备：当室外给水管网不能满足建筑用水要求，或要求供水压力稳定、确保供水安全时，应根据需要设置水泵、水池、水箱、气压罐或叠压供水设备。

1.1.2　建筑排水系统

建筑排水系统主要是将建筑物内卫生器具或生产设备产生的污废水、降落在屋面上的雨雪水加以收集后，及时顺畅地排放到室外排水管道系统中，最终流向污水厂，处理后再排放或综合利用。

1.1.2.1　建筑排水系统的分类

建筑排水系统分为生活排水系统、工业废水排水系统、屋面雨水排除系统。

1. 生活排水系统

生活排水系统是指排出居住建筑、公共建筑及工业企业生活污废水的系统。

生活污水污染程度较重，含有大量的有机杂质和细菌，需排至城市污水处理厂进行处理，然后排放至河流或加以综合利用；生活废水污染程度较轻，经过适当处理后，可以回收用于建筑物或居住小区，用来冲洗便器、浇洒道路、绿化草坪植被等，可减轻水环境的污染，增加可利用的水资源。

2. 工业废水排水系统

工业废水排水系统是指排出工艺过程中产生的污废水的系统。

生产工艺不同，其污染程度不同：

(1)生产污水污染较重，需要经过工厂自身处理，达到排放标准(达到排入下水道的标准)后，再排至室外排水系统；

(2)生产废水污染较轻，经简单处理后，回收利用或排入河流。

3. 建筑雨水排水系统

建筑雨水排水系统是指收集排出降落到多跨工业厂房、大屋面建筑和高层建筑屋面上雨水与雪水的系统。根据雨水管道设置的位置，建筑雨水排水系统可分为建筑雨水内排系统和建筑雨水外排系统。

1.1.2.2　建筑排水系统的组成

1. 卫生器具

卫生器具是指供水并接受、排出污废水或污物的容器或装置。包括：便溺器具、盥洗、沐浴器具、洗涤器具、地漏。卫生器具的安装高度可按表 1-1 确定。

表 1-1　**卫生器具的安装高度**

序号	卫生器具名称	卫生器具边缘离地高度(mm)	
		居住和公共建筑	幼儿园
1	架空式污水盆(池)(至上边缘)	800	800
2	落地式污水盆(池)(至上边缘)	500	500
3	洗涤盆(池)(至上边缘)	800	800
4	洗手盆(至上边缘)	800	500
5	洗脸盆(至上边缘)	800	500
	残障人用洗脸盆(至上边缘)	800	—
6	盥洗槽(至上边缘)	800	500
7	浴盆(至上边缘)	480	—
	残障人用浴盆(至上边缘)	450	—
	按摩浴盆(至上边缘)	450	—
	淋浴盆(至上边缘)	100	—
8	蹲、坐式大便器(从台阶面至高水箱底)	1800	1800

续表

序号	卫生器具名称		卫生器具边缘离地高度(mm)	
			居住和公共建筑	幼儿园
9	蹲式大便器(从台阶面至低水箱底)		900	900
10	坐式大便器(至低水箱底)	外露排出管式	510	—
		虹吸喷射式	470	—
		冲落式	510	270
		漩涡连体式	250	—
11	坐式大便器(至上边缘)	外露排出管式	400	—
		漩涡连体式	360	—
		残障人用	450	—
12	蹲便器(至上边缘)	2踏步	320	—
		1踏步	200~270	—
13	大便槽(从台阶面至冲洗水箱底)		≥2000	—
14	立式小便器(至受水部分上边缘)		100	—
15	挂式小便器(至受水部分上边缘)		600	450
16	小便槽(至台阶面)		200	150
17	化验盆(至上边缘)		800	—
18	净身器(至上边缘)		360	—
19	饮水器(至上边缘)		1000	—

2. 排水管道

排水管道包括：器具排水管(连接卫生器具和横支管之间的一段短管，除坐式大便器外，都需设一个存水弯)，排水横支管、立管、埋设在地下的干管和排出到室外的排水出户管。其作用是将污(废)水能安全地排出到室外。

(1)排水横支管：一般在本层地面上或楼板下明设，有特殊要求或为了美观时，可做吊顶，隐蔽在吊顶内。为了防止排水管(尤其是存水弯部分)结露，必须采取防结露措施。

(2)排水立管：应布置在污水最集中、污水水质最脏、污水浓度最大的排水排出处，使其横支管最短，尽快排出室外。

排水立管一般不要穿入卧室、病房等卫生要求高和需要保持安静的房间，最好不要放在邻近卧室内墙，以免立管水流冲刷声通过墙体传入室内，如需要装，应进行适当的隔音处理。

(3)排水出户管：一般按坡度要求埋设于地下。如果排水出户管需与给水引入管布置在同一处，则两根管道的外壁水平距离不应小于 1m。生活排水管道应按下列规定设置检查口：排水立管上连接排水横支管的楼层应设检查口，且在建筑物底层必须设置；当立管水平拐弯或有“乙”字管时，在该层立管拐弯处和“乙”字管的上部应设检查口；检查口中心高度距操作地面宜为 1m，并应高于该层卫生器具上边缘 0.15m；当排水立管设有“H”形管时，检查口应设置在“H”形管件的上边；当地下室立管上设置检查口时，检查口应设置在立管底部之上；立管上检查口的检查盖应面向便于检查清扫的方向。

排水管道上应按下列规定设置清扫口：连接 2 个及 2 个以上的大便器或 3 个及 3 个以上卫生器具的铸铁排水横管上时，宜设置清扫口；连接 4 个及 4 个以上的大便器的塑料排水横管上宜设置清扫口；水流转角小于 135°的排水横管上，应设清扫口；清扫口可采用带清扫口的转角配件替代；当排水立管底部或排出管上的清扫口至室外检查井中心的最大长度大于表 1-2 的规定时，应在排出管上设清扫口；

表 1-2　**排水立管底部或排出管上的清扫口至室外检查井中心的最大长度**

管径(mm)	50	75	100	100 以上
最大长度(m)	10	12	15	20

排水管上设置清扫口应符合下列规定：在排水横管上设清扫口，宜将清扫口设置在楼板或地坪上，且应与地面相平，清扫口中心与其端部相垂直的墙面的净距离不得小于 0.2m；楼板下排水横管起点的清扫口与其端部相垂直的墙面的距离不得小于 0.4m；排水横管起点设置堵头代替清扫口时，堵头与墙面应有不小于 0.4m 的距离；在管径小于 100mm 的排水管道上设置清扫口，其尺寸应与管道同径；在管径大于或等于 100mm 的排水管道上设置清扫口，应采用 100mm 直径清扫口；铸铁排水管道设置的清扫口，其材质应为铜质；塑料排水管道上设置的清扫口宜与管道相同材质；排水横管连接清扫口的连接管及管件应与清扫口同口径，并采用 45°斜三通和 45°弯头或由两个 45°弯头组合的管件；当排水横管悬吊在转换层或地下室顶板下设置清扫口有困难时，可用检查口替代清扫口。在排水管道的设计过程中，应首先保证排水畅通和室内良好的生活环境。

一般情况下，排水管不允许布置在有特殊生产工艺和卫生要求的厂房，以及食品和贵重商品仓库、通风室和配电间内，也不应布置在食堂，尤其是锅台、炉灶、操作主副食烹调处，更不允许布置在遇水引起燃烧爆炸或损坏原料、产品和设备的地方。

3. 提升设备

提升设备，如潜水排污泵等，用于排出不能自流排至室外检查井的地下建筑物污废水。一般应用在民用建筑中的地下室、人防建筑物、高层建筑的地下技术层、地下铁道等处。

4. 清通设备

污水中含有杂质，容易堵塞管道，为了疏通建筑内部排水管道，保障排水畅通，需在排水系统中设置清通构筑物，包括清扫口、检查口以及检查井等。

(1)清扫口：一般设在排水横管上，用于单向清通排水管道。各层横支管连接卫生器具较多时，横支管起点均应装置清扫口。当连接2个及2个以上的大便器、3个及3个以上的卫生器具的污水横管水流转角小于135°的污水横管时，均应设置清扫口。

(2)检查口：是一个带盖板的短管，拆开盖板可清通管道，如图1-1所示。通常设置在排水立管上、较长的水平管段上。

在建筑物的底层、设有卫生器具的二层以上建筑的最高层排水立管上必须设置检查口，其他各层可每隔两层设置一个检查口。立管如装有“乙”字管，则应在该层“乙”字管上部装设检查口。检查口设置高度一般从楼地面至检查口中心1m为宜。

图1-1 检查口

室内检查井对于不散发有害气体或大量蒸汽的工业废水排水管道，在管道转弯、变径、坡度改变、连接支管处，可在建筑物内设检查井；对于生活污水管道，因建筑物通常设有地下室，故室内不宜设置检查口。

5. 通气管

通气管是为使排水系统内空气流通，压力稳定，防止水封破坏而设置的与大气相通的管道。

排水通气管系统有伸顶通气管、主通气管、副通气管、结合通气管、环形通气管、器具通气管、汇合通气管及专用通气管等类型，分别用于不同的位置。罩型通气管适用于蓄水水池及水箱安装。弯管型通气管为使排水系统内空气流通，压力稳定，防水封破坏而设置的与大气相通的管道。

通气管的主要作用如下：

(1)排出排水系统中的有害气体，减少管道腐蚀。

(2)向排水系统补给空气，平衡系统压力，防止卫生器具水封破坏，使水流通畅。

(3)管道内经常有新鲜空气和废气对流，可减轻管道内废气对金属管道造成的锈蚀。

生活排水管道系统应根据排水系统的类型，管道布置、长度，卫生器设置数量等因素设置通气管。当底层生活排水管道单独排出且符合下列条件时，可不设通气管：①住宅排水管以户排出时；②公共建筑无通气的底层生活排水支管单独排出的最大卫生器具数量符合表 1-3 中规定时；③排水横管长度不大于 12m 时。

表 1-3　　**公共建筑无通气的底层生活排水支管单独排出的最大卫生器具数量**

排水横支管管径(mm)	卫生器具	数量
50	排水管径≤50mm	1
75	排水管径≤75mm	1
	排水管径≤50mm	3
100	大便器	5

对卫生、安静要求较高的建筑物，生活排水管道宜设置器具通气管。建筑物内的排水管道上设有环形通气管时，应设置连接各环形通气管的主通气立管或副通气立管。通气立管不得接纳器具污水、废水和雨水，不得与风道和烟道连接。

通气管和排水管的连接应符合下列规定：器具通气管应设在存水弯出口端；在横支管上设环形通气管时，应在其最始端的两个卫生器具之间接出，并应在排水支管中心线以上与排水支管呈垂直或 45°连接；器具通气管、环形通气管应在最高层卫生器具上边缘 0.15m 或检查口以上，按不小于 0.01 的上升坡度敷设，与通气立管连接；专用通气立管和主通气立管的上端可在最高层卫生器具上边缘 0.15m 或检查口以上与排水立管通气部分以斜三通连接，下端应在最低排水横支管以下与排水立管以斜三通连接；或者下端应在排水立管底部距排水立管底部下游侧 10 倍立管直径长度距离范围内与横干管或排出管以斜三通连接；结合通气管宜每层或隔层与专用通气立管、排水立管连接，与主通气立管连接；结合通气管下端宜在排水横支管以下与排水立管以斜三通连接，上端可在卫生器具上边缘 0.15m 处与通气立管以斜三通连接；当采用"H"形管件替代结合通气管时，其下端宜在排水横支管以上与排水立管连接；当污水立管与废水立管合用一根通气立管时，结合通气管配件可隔层分别与污水立管和废水立管连接；通气立管底部分别以斜三通与污废水立管连接；对特殊单立管，当偏置管位于中间楼层时，辅助通气管应从偏置横管下层的上部特殊管件接至偏置管上层的上部特殊管件；当偏置管位于底层时，辅助通气管应从横干管接至偏置管上层的上部特殊管件或加大偏置管管径。通气管和排水管的连接如图 1-2 所示。

在建筑物内不得用吸气阀代替器具通气管和环形通气管。当建筑物排水立管顶部设置吸气阀或排水立管为自循环通气的排水系统时，宜在其室外接户管的起始检查井上设置管径不小于 100mm 的通气管。

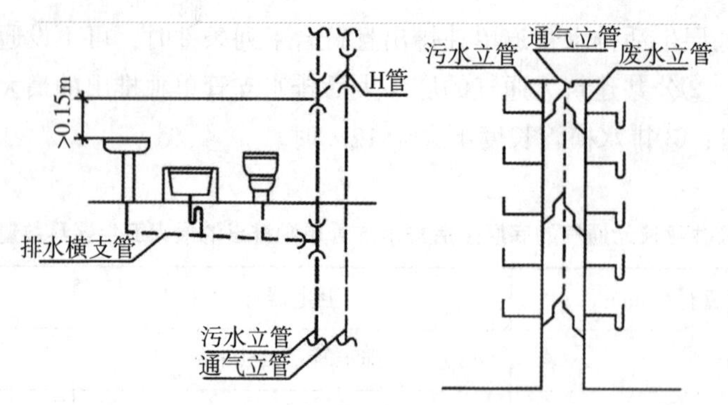

(a)H管与通气管和排水管的连接模式

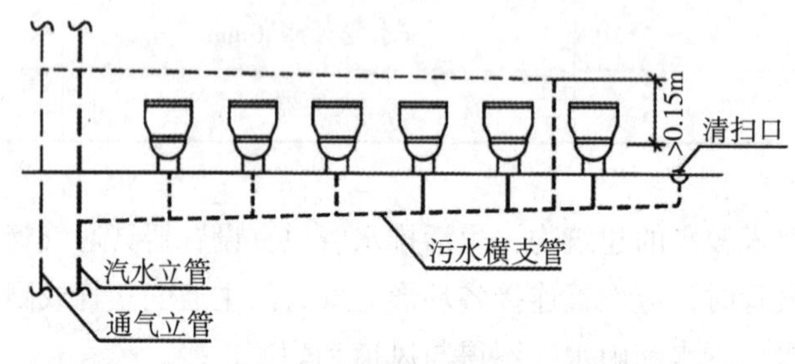

(b)环形通气管与排水管及连接模式

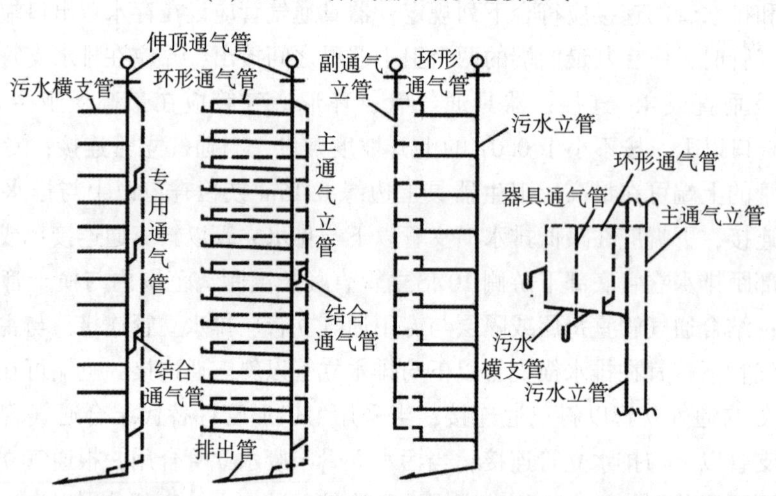

(c)专用通气管、主副通气管、器具通气管与排水管的连接模式

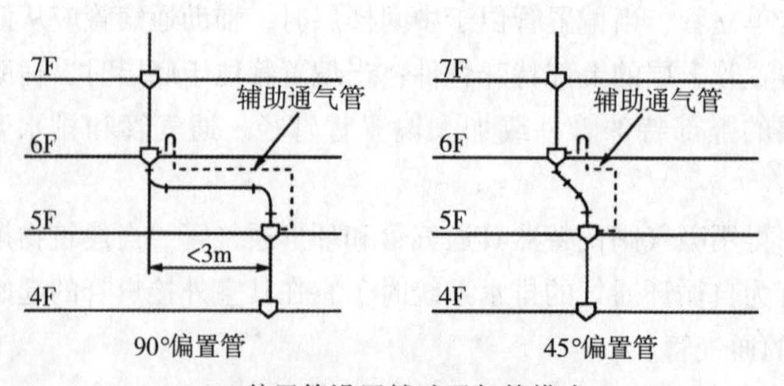

(d)偏置管设置辅助通气管模式

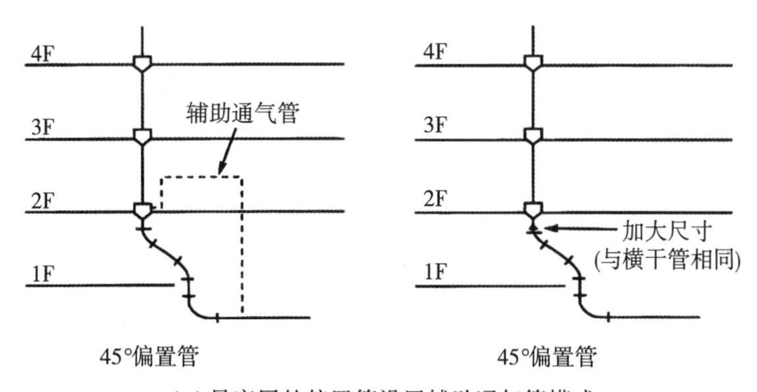

(e)最底层的偏置管设置辅助通气管模式

图 1-2　几种通气管与污水立管典型连接模式

高出屋面的通气管设置应符合下列规定：

(1)通气管高出屋面不得小于 0.3m，且应大于最大积雪厚度，通气管顶端应装设风帽或网罩；

(2)在通气管口周围 4m 以内有门窗时，通气管口应高出窗顶 0.6m 或引向无门窗一侧；

(3)在经常有人停留的平屋面上，通气管口应高出屋面 2m；

(4)通气管口不宜设在建筑物挑出部分的下面；

(5)在全年不结冻的地区，可在室外设吸气阀替代伸顶通气管，吸气阀设在屋面隐蔽处；

(6)当伸顶通气管为金属管材时，应根据防雷要求设置防雷装置。

通气管最小管径不宜小于排水管管径的 1/2，并可按表 1-4 确定。

表 1-4　**通气管最小管径**　（单位：mm）

通气管名称	排水管管径			
	50	75	100	150
器具通气管	32	—	50	—
环形通气管	32	40	50	—
通气立管	40	50	75	100

注：表中通气立管系指专用通气立管、主通气立管、副通气立管；根据特殊单立管系统确定偏置辅助通气管管径。

下列情况通气立管管径应与排水立管管径相同：专用通气立管、主通气立管、副通气立管长度在 50m 以上时；自循环通气系统的通气立管。

通气立管长度不大于 50m 且 2 根及 2 根以上排水立管同时与 1 根通气立管相连时，通气立管管径应以最大一根排水立管按表 1-4 确定，且其管径不宜小于其余任何一根排水立管管径。

结合通气管的管径应符合下列规定：通气立管伸顶时，其管径不宜小于与其连接的通气立管管径；自循环通气时，其管径宜小于与其连接的通气立管管径；伸顶通气管管径应与排水立管管径相同；最冷月平均气温低于-13℃的地区，应在室内平顶或吊顶以下0.3m处将管径放大一级；当2根或2根以上排水立管的通气管汇合连接时，汇合通气管的断面积应为最大一根排水立管的通气管的断面积上加其余排水立管的通气管断面积之和的1/4。

6. 污水局部处理构筑物

室内污水未经处理不允许直接排入城市排水系统或水体，须设置局部水处理构筑物，如化粪池、隔油池(井)、降温池等。

(1)化粪池：利用沉淀和厌氧发酵原理去除生活污水中悬浮性有机物的最初处理构筑物，防止管道堵塞。

生活污水必须经过化粪池处理后才能排入市政污水管道。

化粪池的设置要求如下：

①化粪池距离地下取水构筑物不得小于30m；

②化粪池宜设置在接户管的下游端，便于机动车清掏的位置；

③化粪池池外壁距建筑物外墙不宜小于5m，并不得影响建筑物基础。

化粪池的构造应符合下列要求：

①化粪池的长度与深度、宽度的比例应按污水中悬浮物的沉降条件和积存数量，经水力计算确定。但深度(水面至池底)不得小于1.30m，宽度不得小于0.75m，长度不得小于1.00m，圆形化粪池直径不得小于1.00m。双格化粪池第一格的容量宜为计算总容量的75%；三格化粪池第一格的容量宜为总容量的60%，第二格和第三格各宜为总容量的20%。

②化粪池格与格、池与连接井之间应设通气孔洞。

③化粪池进水口、出水口应设置连接井与进水管、出水管相接。

④化粪池进水管口应设导流装置，出水口处及格与格之间应设拦截污泥浮渣的设施。

⑤化粪池池壁和池底应防止渗漏。

⑥化粪池顶板上应设有人孔和盖板。

(2)隔油池：主要作用是使油类浮在污水面上，然后将其收集排出。适用于餐饮业食品加工车间、公共食堂的厨房。

隔油池设计应符合下列规定：

①污水流量应按设计秒流量计算；

②含食用油污水在池内的流速不得大于0.005m/s；

③含食用油污水在池内停留时间宜为2~10min；

④人工除油的隔油池内存油部分的容积，不得小于该池有效容积的25%；

⑤隔油池应设活动盖板，进水管应考虑有清通的可能；

⑥隔油池出水管管底至池底的深度，不得小于 0.6m。

(3)降温池：设计应符合下列规定：

①温度高于 40℃的排水，应优先考虑将所含热量回收利用，如不可能或回收不合理时，在排入城镇排水管道之前，应设降温池，降温池应设置于室外。

②降温宜采用较高温度排水与冷水在池内混合的方法进行。冷却水应尽量利用低温废水，所需冷却水量应按热平衡方法计算。

③降温池的容积应按下列规定确定：

a. 间断排放污水时，应按一次最大排水量与所需冷却水量的总和计算有效容积；

b. 连续排放污水时，应保证污水与冷却水能充分混合。

1.1.3　排水体制

建筑室内排水体制分为分流制和合流制两种，分别称为建筑室内分流排水和建筑室内合流排水。建筑内排水体制，应根据污水性质、污染程度，结合建筑外部排水系统的体制，以是否有利于综合利用、中水系统的开发和污水的处理要求等因素加以综合考虑并确定。

1.1.3.1　分流制排水

建筑产生的污水、废水按不同性质分别设置管道排至室外，称为分流制排水。例如，居住建筑和公共建筑中的粪便污水和生活废水，以及工业建筑中的生产污水和生产废水通过各自单独的排水管道系统排出。

下列情况宜采用分流制排水：

(1)建筑物使用性质对卫生标准要求较高时；

(2)生活污水需经化粪池处理后才能排入市政排水管道时；

(3)生活废水需回收利用时。

下列情况应单独排水至水处理或回收构筑物：

(1)公共饮食业厨房含有大量的油脂的洗涤废水；

(2)洗车台冲洗水；

(3)含有大量致病菌、放射性元素超过排放标准的医院污水；

(4)温度超过 40℃锅炉、水加热器等加热设备排水；

(5)作为中水水源的生活排水；

(6)工业废水中含有贵重工业原料需回收利用，或含有大量矿物质或有毒和有害物质需要单独处理时。

1.1.3.2　合流制排水

建筑中产生的两种或两种以上的污、废水合用一套排水管道系统排至室外，称为合流制排水。

下列情况宜采用合流制排水：

(1)城市有污水处理厂，生活废水不需要回收利用时；

(2)生产污水与生活污水性质相似时。

任务1.2 建筑给水排水工程的常用材料及设备

1.2.1 给水设备

给水设备主要包括建筑内的增压和储水设备，当市政自来水压力不能满足建筑物实际使用压力时，给水系统会通过升压、稳压、储水和调节等功能，确保水流的稳定供应。这些给水设备包括水泵、水池、水箱、吸水井、气压给水设备等。

1.2.2 常用建筑管道及给水附件

1.2.2.1 建筑管道

建筑给水管道种类繁多，根据材质的不同，大体可分为两大类：金属管、非金属管。

1. 金属管

(1)钢管：从制作工艺上可分为无缝钢管和有缝钢管。无缝钢管在民用建筑生活给水系统中很少使用。有缝钢管(焊接钢管)在建筑给排水中使用比较广泛。根据钢管是否镀锌，有缝钢管又可分为镀锌钢管(白铁管)和非镀锌钢管(黑铁管有时也叫焊接管或钢管)。

①镀锌钢管：一度是我国生活饮用水采用的主要管材，由于其内壁易生锈、结垢、滋生细菌和微生物等有害杂质，使自来水在输送途中造成二次污染，根据国家有关规定，从2000年6月1日起，在城镇新建住宅生活给水系统禁用镀锌钢管，目前主要用于水消防系统。

镀锌钢管有强度高、抗震性能好等优点。管道可采用焊接、螺纹连接、法兰连接和卡箍连接。

②铸铁管：由生铁制成，属于黑色金属管，按其材质可分为普通灰口铸铁管和球墨铸铁管。

铸铁管优点为耐腐蚀性强、使用期长、价格低廉。但其性脆、长度小、质量大，多用于给水管道埋地敷设。

③不锈钢管：具有机械强度高、坚固、韧性好、耐腐蚀性好、热膨胀系数低、卫生性能好、可回收利用、外观靓丽大方、安装维修方便、经久耐用等优点，适用于建筑给水特别是管道直饮水及热水系统中。

管道可采用焊接、螺纹连接、法兰连接或卡箍连接。

(2)铜管：是传统的给水管材，具有耐温、延展性好、承压能力强、化学性质稳定、线性膨胀系数小等优点。

钢管公称压力2MPa，冷、热水均适用，因一次性投入较高，一般在高档宾馆、酒店等建筑中采用。钢管可采用螺纹连接、焊接及法兰连接。

铜管和不锈钢管也在给水系统和生产给水系统中使用，但造价相对普通钢管要高一些，除非有特殊要求，一般给排水工程不采用。

2. 非金属管

非金属管包括塑料管、复合管、混凝土管等。

(1)塑料管：包括硬聚氯乙烯管(UPVC)、聚乙烯管(PE)、聚氯乙烯(PVC)、聚丙烯管(PP)、聚丁烯管(PB)、丙烯腈-丁二烯-苯乙烯管等。

①硬聚氯乙烯管(UPVC)：适用温度为5~45℃，主要用于室内排水、雨水管道上，不适用于热水输送，公称压力为0.6~1MPa。

优点：耐腐性好、抗衰老性强、连接方便、价格低、产品规格全、质地坚硬，符合输送纯净饮用水标准。

缺点：维修麻烦、无韧性，环境温度低于5℃时脆化，高于45℃时软化，长期使用有UPVC单体和添加剂渗出。

该管材为早期替代镀锌钢管的管材，现已不推广使用。硬聚氯乙烯管道常采用承插连接，也可采用橡胶密封圈柔性连接、螺纹连接或法兰连接。

②聚乙烯管(PE)：重量轻、韧性好、耐腐蚀、可盘绕、耐低温性好、运输及施工方便，具有良好的柔性和抗蠕变性能，在建筑给水中和市政管道上得到广泛应用。可采用电熔、热熔、橡胶圈柔性连接，工程上主要采用熔接。

③聚氯乙烯(PVC)：自重轻、耐腐蚀、耐压强度高、运输及施工方便，具有良好的柔性和抗蠕变性能，可应用于排水系统管道，作为线路保护管。

④聚丙烯管(PP)：强度高、韧性好、无毒、温度适应范围广(5~95℃)、耐腐蚀、抗老化、保温效果好、不结垢、沿程阻力小、施工安装方便。目前国内产品规格在DN20~DN110之间，不仅可用于冷、热水系统，而且可用于纯净饮用水系统。采用热熔连接，管道与金属管件通过带金属嵌件的聚丙烯管件采用丝扣或法兰连接。

⑤聚丁烯管(PB)：是用高分子树脂制成的高密度塑料管。管材质软、耐磨、耐热、抗冻、无毒无害、耐久性好、重量轻、施工安装简单，公称压力可达1.6MPa，能在-20~95℃之间安全使用，适用于冷、热水系统。采用铜接头夹紧式连接、热熔式插接、电熔合连接。

⑥丙烯腈-丁二烯-苯乙烯管(ABS)：强度大、韧性高、能承受冲击，公称压力达1MPa，冷水管使用温度为-40~60℃，热水管使用温度-40~95℃。

(2)复合管：包括铝塑复合管、涂塑钢管、钢塑复合管、钢骨架塑料复合管等。

①铝塑复合管(PE-AL-PE或PEX-AL-PEX)：是通过挤压成型工艺而制造出的新型复合管材，它由聚乙烯(或交联聚乙烯)层、胶粘剂层、铝层、胶粘剂层、聚乙烯层(或交联聚乙烯)5层结构构成。既保持了聚乙烯管和铝管的优点，又避免了各自的缺点。

特点：可以弯曲，弯曲半径等于5倍直径；耐温差，性能强，使用温度范围为-100~110℃；耐高压，工作压力可达1MPa以上。可用于室内冷、热水系统。采用卡套式连接和卡压连接。

②钢塑复合管：是在钢管内壁衬(涂)一定厚度的塑料层复合而成的管材。依据复合管基材不同，可分为衬塑复合管和涂塑复合管两种。衬塑钢管是在传统的输水钢管内插入

一根薄壁的PVC管，使二者紧密结合，就成了PVC衬塑钢管；涂塑钢管是以普通碳素钢为基材，将高分子PE粉末熔融后均匀涂敷在钢管内壁，经塑化后，形成光滑、致密的塑料涂层。

特点：兼备金属管材的强度高、耐高压、能承受外来冲击力，以及塑料管材的耐腐蚀、不结垢、导热系数低、流体阻力小等优点。

一般采用沟槽式、法兰式、螺纹式连接。同原有的镀锌管系统完全相容，应用方便。需在工厂预制，不宜在施工现场切割。

③钢丝网骨架聚乙烯塑料复合管：以高强度钢丝左右螺旋缠绕成型的网状骨架为增强体，以高密度聚乙烯(HDPE)为基体，并用高性能的黏结树脂层将钢丝骨架内外层高密度聚乙烯紧密连接在一起。

特点：具有强度高、刚性好、环刚度大、抗蠕变、线性膨胀系数小等优点。其内壁光滑，具有压力损失小、双面防腐、无二次污染、保温性能好、施工维修方便、工程造价低、使用寿命长等优点。充分克服了钢管耐压不耐腐、塑料管耐腐不耐压等不足。采用电热熔连接。

(3)混凝土管：管径不超过450mm，长度多为1m。优点：制作方便、造价低、耗费钢材少，在室外排水管道中应用广泛；缺点：抵抗酸碱侵蚀及抗渗性能较差，管节短、接口多、施工复杂，在地震区或淤泥土质地区不宜敷设。一般采用承插连接。

1.2.2.2　给水管道附件

给水管道附件是安装在管道及设备上的具有启闭或调节功能、保障系统正常运行的装置，按用途分为配水附件、控制附件和其他附件三类。

1. 配水附件

配水附件即配水龙头，又称为水嘴、水栓，是向卫生器具或其他用水设备配水的管道附件，是使用最为频繁的管道附件，应符合节水、耐用、开关灵便、美观等要求。

(1)旋启式水龙头：普遍用于洗涤盆、污水盆、盥洗槽等卫生器具的配水，由于密封橡胶垫磨损容易造成滴、漏现象，我国已禁用普通旋启式水龙头，而以陶瓷芯片水龙头取而代之。

(2)旋塞式水龙头：手柄旋转90°即完全开启，可在短时间内获得较大流量；由于启闭迅速，容易产生水击，一般设在浴池、洗衣房、开水间等压力不大的给水设备上。因水流直线流动，阻力较小。

(3)陶瓷芯片水龙头：采用紧密的陶瓷片作为密封材料，由动片和定片组成，通过手柄的水平选择或上下提压造成动片与定片的相对位移启闭水源，使用方便，但水流阻力较大。陶瓷芯片硬度极高，优质陶瓷芯片正常可以使用10年。

(4)混合水龙头：安装在洗面盆、浴盆等卫生器具上，通过控制冷、热水流量调节水温，作用相当于两个水龙头，使用时将手柄上下移动控制流量，左右偏转调节水温。

(5)延时自闭水龙头：主要用于酒店及商场等公共场所的洗手间，使用时将按钮下压，每次开启持续一定时间后，靠水压力及弹簧的增压而自动关闭水流，能够有效避免

“长流水”现象，可避免浪费。

(6)感应式水龙头：根据光电效应、电容效应、电磁感应等原理实现启闭。常用于建筑装饰标准较高的盥洗、淋浴、饮水等的水流控制，具有防止交叉感染、提高卫生水平及舒适程度的功能。

2. 控制附件

控制附件是管道系统中用于调节水量、水压，关断水流，控制水流方向、水位，便于管道、仪表和设备检修的各种阀门。控制附件应符合性能稳定、操作方便，便于自控控制、精度高等要求。以下为几种常用控制附件：

(1)闸阀：是指靠阀门腔内闸板的升降来控制水流通断和调节水量大小的阀门。一般用于公称直径大于50mm的管道。闸阀具有流体阻力小、开闭所需外力较小、介质的流向不受限制等优点；但是其外形尺寸和开启高度都较大，安装所需空间大，水中有杂质落入阀座后闸阀不能关闭严密，关闭过程中密封面间的相对摩擦容易引起擦伤现象。

(2)截止阀：是指关闭件由阀杆带动，沿阀座轴线作升降运动的阀门。截止阀具有开启高度小，关闭严密，在开闭过程中密封面的摩擦力比闸阀小，耐磨等优点；但截止阀的水头损失较大，由于开闭力矩较大，结构长度较长，一般用于公称直径小于等于50mm的管道。

(3)球阀：是指球体由阀杆带动，并绕球阀轴线作90°旋转动作的阀门，有圆形通孔或通道通过其轴线。在管道中用于切断、分配和改变介质的流动方向，适用于安装空间较小的场所。球阀具有流体阻力小、结构简单、体积小、重量轻、开闭迅速等优点；但容易产生水击。

(4)蝶阀：是指将闸板安装在中轴上，靠中轴的转动带动闸板转动来控制水流的阀门。蝶阀具有操作力矩小、开闭时间短、安装空间小、重量轻等优点；蝶阀的主要缺点是蝶板占据一定的过流断面，增大水头损失，且易挂积杂物和纤维。

(5)止回阀：是指启闭件借介质作用力，自动阻止介质逆流的阀门。止回阀又称单向阀或逆止阀。止回阀的闸板上方根部安装在一个铰轴上，闸板可绕铰轴转动，水流正向流动时顶推开闸板过水，反向流动时闸板靠重力和水流作用而自动关闭断水。止回阀主要是用来控制水流只朝一个方向流动，限制水流向相反方向流动，以防止突然停电或其他事故时水倒流。

(6)浮球阀：广泛用于各类建筑的水箱、水池的进水管道。主要作用是维持水箱(池)的水位，当水箱(池)充水到既定水位时，浮球随水位浮起，关闭进水口，防止溢流；当水位下降时，浮球下落，进水口开启。

(7)比例式减压阀：给水管网的压力高于配水点允许的最高使用压力时，应设置减压阀，给水系统中常用的减压阀有比例式减压阀和可调式减压阀两种。比例式减压阀宜垂直安装，可调式减压阀宜水平安装。

(8)安全阀：可以防止系统内压力超过预定的安全值，它利用介质本身的力量排出额定数量的流体，不需借助任何外力，当压力恢复正常后，阀门自行关闭，并阻止流体继续流出。安全阀主要用于释放压力容器因超温引起的超压。安全阀前不得设置阀门。

(9)紧急关闭阀：用于生活小区中消防用水与生活用水并联的供水系统中，当消防用水时，阀门自动紧急关闭，切断生活用水，保证消防用水；当消防用水结束时，阀门自动打开，恢复生活供水。

给水管道上使用的阀门，应根据使用要求，按下列原则选型：

①需要调节流量、水压时，宜采用调节阀、截止阀；

②要求水流阻力小的部位(如水泵吸水管上)，宜采用闸板阀、球阀、半球阀；

③对于安装空间小的场所，宜采用蝶阀、球阀；

④水流需双向流动的管段上不得使用截止阀。

3. 其他附件

在给水系统的适当位置，经常需要安装一些保障系统正常运行、延长设备使用寿命、改善系统工作性能的附件，如排气阀、橡胶接头、伸缩器、管道过滤器、倒流防止器、水锤消除器和真空破坏器等。

(1)排气阀：用来排出集积在管中的空气。间歇性使用的给水管网，其管网末端和最高点应设置自动排气阀，给水管网有明显起伏积聚空气的管段，宜在该段的峰点设自动排气阀或手动阀门排气；采用自动补气的气压给水装置，其配水管网的最高点应设自动排气阀。

当液体中存在气体时，气体进入排气阀内，液面下降，浮筒在自身重力下下降并拉动杠杆，排气孔开启，气体在正压状态下由阀门排出。随着液体中气体的排出，液面上升，浮筒在液体浮力作用下随液面一起上升，推动杠杆复位，排气孔关闭，排气过程结束。此时，阀门与外界处于密封状态，液面停止上升，保证液体不外泄。当有新的气体进入阀体后，液面下降，浮球下降，拉动杠杆打开阀门，新的排气周期开始。

(2)橡胶接头：由织物增强的橡胶件与活接头或金属法兰组成，用于管道吸收振动、降低噪音，补偿因各种因素引起的水平位移、轴向位移、角度偏移等。

(3)管道伸缩器：可在一定的范围内轴向伸缩，也能在一定的角度范围内克服因管道对接不同轴而产生的偏移。它既能极大方便各种管道、水泵、水表、阀门及管道的安装与拆卸，也可补偿管道因温差引起的伸缩变形。

(4)管道过滤器：用于去除液体中少量固体颗粒，安装在水泵吸水管、水加热器进水管、换热装置的循环冷却水进水管上，以及进水总表、住宅进户水表、减压阀、自动水位控制阀、温度调节阀等阀件前，保护设备免受杂质的冲刷、磨损、淤积和堵塞，使设备正常运行，延长使用寿命。

(5)倒流防止器：是由两个止回阀中间加一个排水器组成的，用于防止生活饮用水管道发生回流污染。

倒流防止器设置位置应满足以下要求：

①不应装在有腐蚀性和污染的环境中；

②排水口不得直接接至排水管，应采用间接排水；

③应安装在便于维护的地方，不得安装在可能冻结或被水淹没的场所。

(6)水锤消除器：在高层建筑物内用于消除因阀门或水泵快速开、闭所引起管道中压力骤然升高的水锤危害，减少水锤压力对管道及设备的破坏。可安装在水平、垂直，甚至倾斜的管道中。

(7)真空破坏器：用于自动消除给水管道内真空，有效防止虹吸回流，常用的有大气型和压力型。大气型可在给水管内压力小于大气压时导入大气消除真空，压力型在给水管道内失压至某一设定压力时先行断流，然后产生真空时导入大气防止虹吸回流。

真空破坏器设置位置应满足以下要求：

①不应装在有腐蚀性和污染的环境；

②应直接安装于配水支管的最高点，其位置高出最高用水点或最高溢流水位的垂直高度，压力型不得小于 300mm，大气型不得小于 150mm；

③大气型真空破坏器的进气口应向下。

项目 2　消防给水排水施工图识图

◎ **知识目标**：熟悉消防给水系统的组成；掌握消防给水管道的连接方式；掌握消防给水管道的敷设要求；了解消防给水排水施工图的分类；熟悉识读给水排水施工图的方法；掌握给水排水施工图的识读。

◎ **能力目标**：能进行系统图的识读；能进行平面图的识读；能进行详图的识读。

◎ **素质目标**：培养学生分析问题、解决问题的能力；培养学生团队协作的意识。

◎ **思政目标**：培养学生团队协作的意识；培养学生精益求精的工匠精神。

任务 2.1　消防给水排水工程概述

2.1.1　消防给水系统的组成及分类

2.1.1.1　消防给水系统的组成

消防给水系统由引入管、给水管道、给水附件、给水设备、配水设施和计量仪表组成。

1. 引入管

引入管是指从室外给水管网的接管点引至建筑内的管段，是与室外供水管网连接的总进水管，又称进(入)户管。引入管一般埋地敷设，穿越建筑物地下室外墙或基础。引入管受地面荷载、冰冻线的影响，一般埋设在室外地坪下 0.7m 以上。

引入管进入建筑后立即上返到给水干管埋设深度，以避免多开挖土方，给水干管一般埋设在室内地坪下 0.3~0.5m。不允许间断供水的建筑，引入管不少于 2 条，应从室外环状管网不同管段引入。

引入管设两条时，分别从建筑物的两侧引入，以确保安全供水。如图 2-1 所示。

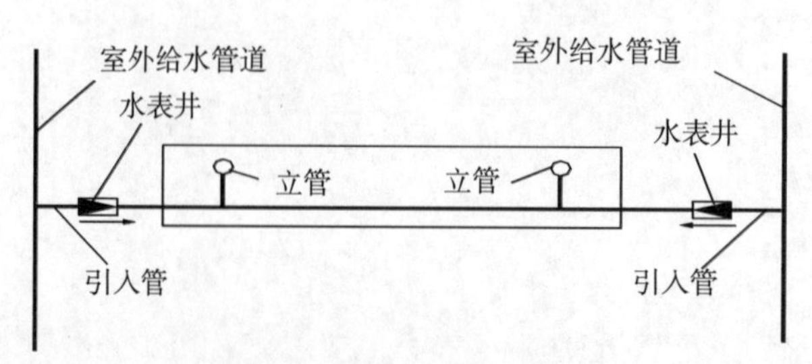

图 2-1　两侧引入管示意图

当一条管道出现问题需要检修时，另一条管道仍可保证供水。必须同侧引入时，两条引入管的间距不得小于 15m，并在两条引入管之间的室外给水管上装阀门。如图 2-2 所示。

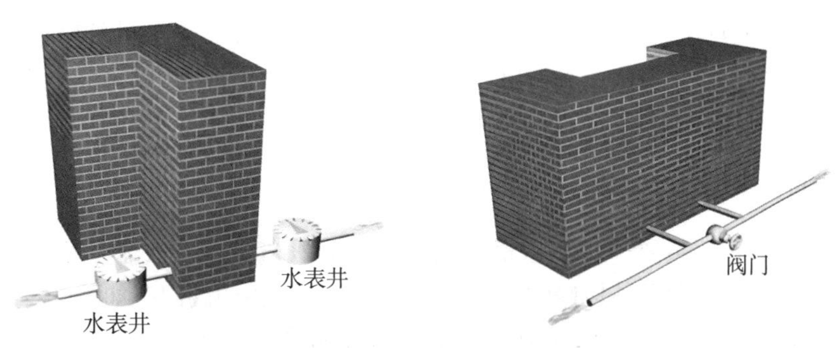

图 2-2　同侧引入管示意图

2. 给水管道

给水管道在建筑物内一般形成管网，包括干管(总干管)、立管(竖管)、支管(配水管)和分支管(配水支管)，用于输送和分配用水至建筑内部的各个用水点，如图 2-3 所示。

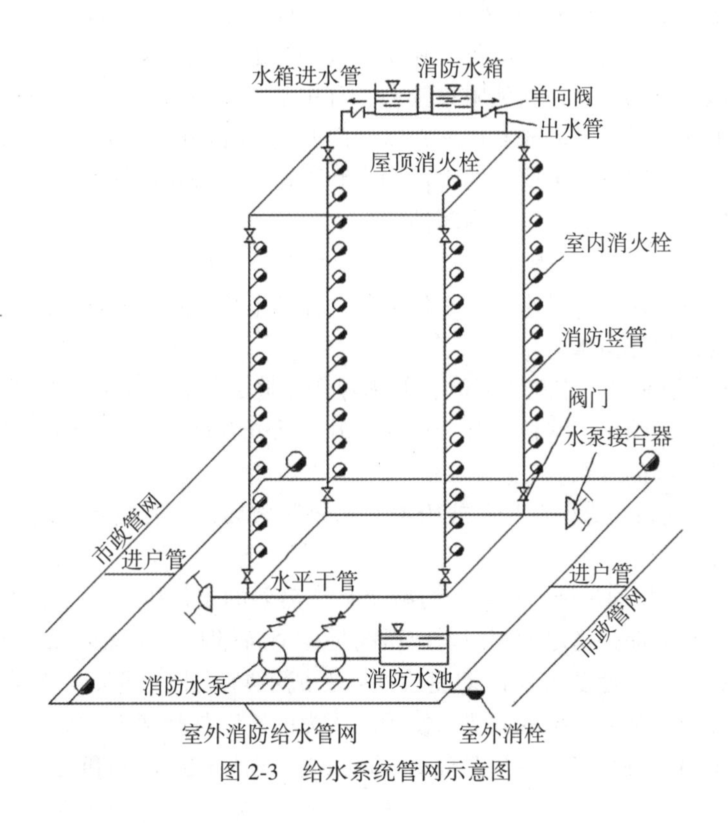

图 2-3　给水系统管网示意图

(1)干管：又称总干管，是将水从引入管输送到建筑物各区域的管段。

(2)立管：又称竖管，是将水从干管沿垂直方向输送至各楼层、各不同高度处的管段。

(3)支管：又称配水管，是将水从立管输送至各房间内的管段。

(4)分支管：又称配水支管，是将水从支管输送至各用水设备处的管段。

对于每根立管，一般在从干管引出后的首层应设置一个阀门，以便该立管供水范围检修时不影响其他立管的正常供水。

3. 给水附件

给水附件是指管道系统中调节水量、水压、控制水流方向、改善水质，以及关断水流，以便于管道、仪表和设备检修的各类阀门和设备。常用的阀门有如下几种：

(1)截止阀：关闭严密，但水流阻力大，适用于管径不大于50mm的管道。只允许介质单向流动，安装时有方向性。

(2)闸阀：水流阻力小，用于管径大于50mm的管道，有杂质落入阀座后易产生磨损和漏水，没有方向性。可分为明杆式闸阀和暗杆式闸阀。

(3)蝶阀：操作扭矩小，启闭方便，结构紧凑，体积小，阀板在90°翻转范围内可起到调节、节流和关闭作用。能使用蝶阀的地方，尽量不使用闸阀，因为更经济，且调节性好。

(4)止回阀：用于阻止管道中水的方向流动。如：旋启式止回阀，用于水平和垂直管道，因启闭迅速，易引起水锤，故不宜在压力大的管道系统中采用；升降式止回阀，靠上下游压差值使阀盘自动启闭，水流阻力较大，宜用于小管径水平管上；消声止回阀，消防常用，当水向前流动时，推动阀瓣压缩弹簧阀门开启，停泵时，阀瓣在弹簧作用下在水锤到来前即关闭，可消除阀门关闭时的水锤冲击和噪声；梭式止回阀，利用压差梭动原理制造的新型止回阀，水流阻力小，且密闭性能好。

(5)液位控制阀：用于控制水箱、水池等储水设备的水位，以免溢流。如浮球阀，水位上升，浮球上升，即关闭进水口；水位下降，浮球下落，从而开启进水口。但浮球体积大，阀芯易卡住而引起溢水。

(6)液压水位控制阀：水位下降时，阀内浮筒下降，管道内的压力降低，阀门密封面打开，水从阀门两侧喷出；水位上升，浮筒上升，活塞上移，阀门关闭，停止进水。液压水位控制阀是浮球阀的升级。

(7)安全阀：为避免管网、用具或密封水箱超压破坏，需安装此阀门。一般有弹簧式和杠杆式两种。

(8)减压阀：是指通过调节进口压力减至某一需要的出口压力，并依靠介质本身的能量，使出口压力自动保持稳定的阀门。减压阀是一个局部阻力可以变化的节流元件，即通过改变节流面积，使流速及流体的动能改变，造成不同的压力损失，从而达到减压的目的。然后依靠控制与调节系统的调节，使阀后压力的波动与弹簧力相平衡，使阀后压力在一定的误差范围内保持恒定。通常有直动式减压阀、先导式减压阀和定值器等几种。

4. 给水设备

包括水泵、水池、水箱、吸水井、气压给水设备等。

5. 配水设施

配水设施是建筑内生活、生产和消防给水系统管网的终端用水点上的设施。消防给水系统的配水设施有室内消火栓、消防水炮、消防软管卷盘、自动喷水灭火系统的各种喷头等。

6. 计量仪表

计量仪表包括水表、流量计、压力计。

除了在引入管上安装水表之外，在需要计量的部位和设备的配水管上也要安装水表。给水引入管上应装设水表计量建筑物的总用水量。为了水表修理和拆装、读数的方便，需要设水表井。水表以及相应的配件都设在水表井内。

2.1.1.2　消防给水系统的分类

供消防设施用水主要包括消火栓、消防卷盘和自动喷水灭火系统等的用水。消防用水用于灭火和控火，即扑灭火灾和控制火势蔓延。消防用水对水质要求不高，但必须按照建筑设计防火规范要求保证足够的水量和水压。

消防给水系统分为消火栓给水系统、自动喷水灭火系统、水幕系统、水喷雾灭火系统、自动水炮灭火系统等。消防系统的选择，应根据生活、生产、消防各项用水对水质、水量和水压的要求，经过经济技术比较后确定，一般而言，除消火栓系统和简易自动喷水系统外，其他消防给水系统都应与生活、生产分开，独立设置。

2.1.2　消防给水常用管材及连接方式

2.1.2.1　管材

消防给水系统的输送介质为没有腐蚀性化学物质的水，其工作压力均在中低压范围内，因此对管道材料的要求不苛刻。常用的管材主要有钢管、铸铁管和不锈钢管等。随着技术的不断发展，一些新型管材，如涂塑钢管、塑料管、聚丙烯管等也能满足消防要求。但由于管道的耐热性问题，加上技术规范推广、设计施工技术没有跟上，目前还比较少用。

1. 钢管

钢管是消防给水工程中应用最多的一类管材，钢管按其结构形态可分为无缝钢管和有缝钢管两类。

无缝钢管管身上无缝，它具有品质均匀、强度较高的优点，应用较广。按照生产工艺的不同，无缝钢管可分为热轧和冷轧无缝钢管，其中冷轧无缝钢管在精度方面比热轧无缝钢管高。

在消防管道安装时，常遇到需要在无缝钢管上套丝，由于管螺纹外径的限制，无缝钢管的外径必须与管螺纹接近。

有缝钢管管身上有接缝，按照接缝形式可分为焊接钢管、直缝卷管、螺旋卷管。焊接钢管中内外不镀锌的称为黑铁管、水煤气管，内外镀锌的称为镀锌钢管。镀锌钢管由于其一定的耐腐蚀性，曾被广泛应用于消防和生活给水系统中。对于室内生活用水，由于镀锌钢管的锈蚀问题始终存在，使用时间越长，问题越严重，因此对于生活给水系统，已不再使用镀锌钢管，改用塑料管及不锈钢管材等。

工作压力等于或小于1MPa的消防给水系统，可选用普通钢管；当系统工作压力大于1MPa时，应选用加厚钢管或无缝钢管。

2. 铸铁管

铸铁管是指用铸铁浇铸成型的管道。铸铁管广泛用于给水、排水和煤气输送管线，包括铸铁直管和管件。按材质不同，可分为灰口铸铁管和球墨铸铁管。按接口形式不同，可分为柔性接口、法兰接口、自锚式接口、刚性接口等铸铁管。其中，柔性铸铁管用橡胶圈密封；法兰接口铸铁管用法兰固定，内垫橡胶法兰垫片密封；刚性接口一般铸铁管承口较大，直管插入后，用水泥密封，此工艺现已基本淘汰。

铸铁管中的元素硅和石墨具有良好的耐腐蚀性能，因而许多埋地的消防管道选用铸铁管。埋地管道的选择应符合下列要求：普通铸铁管一般仅用于压力不大于1.0MPa的系统；当压力大于1MPa且小于等于1.6MPa时，应采用球墨铸铁管；当压力大于2.5MPa时，应采用无缝钢管。

3. 不锈钢管

不锈钢管是指在钢管材料中添加了一些特殊的合金元素(如Cr、Ni、Mo、Mn等)形成合金钢材料，在大气中能始终保持金属光泽，具有良好的耐腐蚀性能。

按照不锈钢金相组织不同，不锈钢管可以分为奥氏体、铁素体、马氏体等不锈钢管。

不锈钢管主要用于建筑环境恶劣，阴冷、潮湿的地下，或美观要求较高的工程；同时在气体及泡沫消防系统中由于使用了腐蚀性较强的介质，也会采用不锈钢管道。

4. 铜管

铜管是铜及铜合金管道的总称。它具有优良的导电性、导热性、延展性，以及良好的耐腐蚀性。铜管按材质可分为纯铜管和黄铜管。由于铜管价格较高，一般只适用于小管径的气体及细水雾消防系统。

5. 塑料管

塑料管是我国重点推广的管材，先是用于建筑排水，后用于建筑给水，先用于室内，后用于室外，目前已经广泛用于给水排水领域。塑料管按其材质可以分为以下几类：

(1)聚乙烯类(PVC)，包括硬聚氯乙烯(PVC-U)管、高抗冲聚氯乙烯(PVC-AGR)管、抗冲改性聚氯乙烯(PVC-M)管、氯化聚氯乙烯(PVC-C)管。

(2)聚烯烃类，包括聚乙烯(PE)管(PE80、PE100和PE-X)、聚丙烯类(PP)管(PP-R、PP-B)、聚丁烯(PB)管。

(3)硬管类，丙烯腈-丁二烯-苯乙烯共聚(ABS)管。

(4)金属塑料复合管类，包括铝塑复合管、铝塑稳态管和超薄壁不锈钢塑料复合管。

由于塑料管的耐火性能没有得到很好改善，虽然塑料管也广泛用于室内生活热水系统，但消防给水中较少使用，除非有特殊认证的CPVC管道。塑料管或钢丝网骨架PE塑料管等可以用于埋地管道。

2.1.2.2　管道的连接方式

1. 螺纹连接(丝接)

螺纹连接是利用套丝机在待安装的管子端部加工出螺纹，与相应配件进行连接，如图2-4所示，主要适用于钢管、塑料管。配件用可锻铸铁制成，抗蚀性及机械强度均较大，分镀锌和不镀锌两种，钢制配件较少。

图2-4　套丝机及螺纹连接

螺纹挤压式连接采用铸铜接头，接头与管道之间加密封层，锥形螺帽挤压形成密封，不可拆卸，适用于管径小于等于32mm的管道连接。PAP管与其他管材、金属配件或阀门连接时，采用带铜内丝或外丝的过渡接头、螺纹连接。

2. 焊接连接

焊接连接主要适用于钢管，利用电焊机、电焊枪和电焊条对管道进行连接，如图2-5所示。焊接后的管道接头紧密、不漏水，施工迅速，不需要配件，但无法像螺纹连接那样方便拆卸。焊接只能用于非镀锌钢管，因为镀锌钢管焊接时锌层被破坏，反而加速锈蚀。

在焊接过程中，将焊接接头在高温等的作用下至熔化状态。由于被焊工件是紧密贴在一起的，在温度场、重力等的作用下，不加压力，两个工件熔化时会发生混合现象。待温度降低后，熔化部分凝结，两个工件就被牢固地焊在一起。

图2-5　焊接连接

3. 法兰连接

法兰连接就是把两个管道、管件或器材，先各自固定在一个法兰盘上，然后在两个法兰盘之间加上法兰垫，最后用螺栓将两个法兰盘拉紧，使其紧密结合起来的一种可拆卸的接头。有的管件和器材自带法兰盘，也是属于法兰连接，如图2-6所示。

图2-6　法兰连接

法兰连接主要适用于钢管、铸铁管。一般在管径大于50mm的管道上，将法兰盘焊接或用螺纹连接在管端，再以螺栓连接。法兰连接一般用于闸阀、止回阀、水泵、水表等的连接处，以及需要经常拆卸、检修的管段上。

4. 热熔连接

热熔连接是相同材质的两个管件之间，经过加热升温至(液态)熔点后的一种连接方式，如图 2-7 所示。在钢结构工程中，将两根金属钢筋，通过电加温设备进行热熔连接。金属热熔连接后的连接点，一定要在常温状态下冷却，才能达到原金属材料的抗拉应力。热熔连接不得淬火，以免接点碳化变脆，失去原有金属材料的抗拉应力。主要连接方式有热熔承插连接和热熔对焊连接。

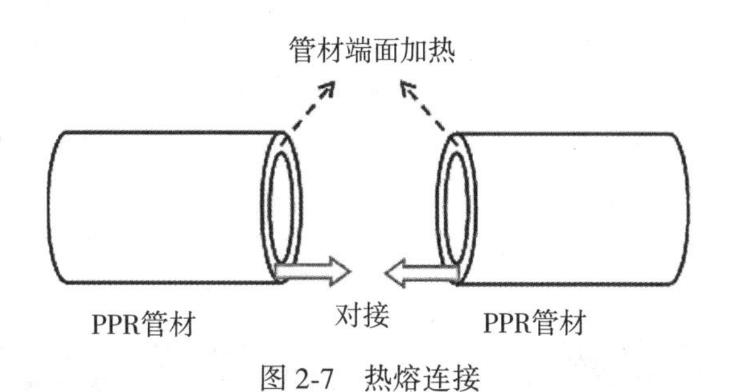

图 2-7　热熔连接

热熔连接也广泛应用于 PB 管、PE 管等塑料管材的连接。PPR 塑料管材一般也是采用手持式熔接器进行热熔连接，其连接方式最为可靠，操作方便，气密性好，接口强度高。

5. 承插连接

承插连接是将管子的一端做成承口，另一端做成插口，安装时，按照承口迎向介质流动方向的方式，将插口插入承口，并采用相适应的密封方法实现承插口的密封，同时保证其连接强度的一种管道连接方法。如图 2-8 所示。

承插连接的方法，在给水管道上仍然只限于埋地铸铁管道的连接。而消防给水管道目前应用的管材则仍以镀锌钢管、焊接钢管、无缝钢管为主，因此较少使用本连接方式。当系统压力大于 1MPa 时，一般不宜采用承插连接，除非有特殊认证。

图 2-8　承插连接

6. 卡箍连接

卡箍连接是由卡箍连接件与开槽的管道相连接的方法，也称为沟槽连接。卡箍连接件由上下卡箍、密封胶圈、锁紧螺栓等共同组成，管道端部需要用专用滚槽机械滚制出沟槽，沟槽深度为1.4～2mm，管径越大，开槽越深。主要适用于钢管(一般用于消防系统)。对于较大管径，用丝扣连接较困难，且不允许焊接时，一般采用卡箍连接。连接时，两管端口应平整无缝隙，沟槽应均匀，卡紧螺栓后，管道应平直。如图2-9所示。

卡箍连接是专门用于钢管的一种可拆卸、卡箍自紧密封的连接。与焊接相比，它没有热熔作业，施工快捷简便，管内清洁无热渣；也不像法兰连接那样需要对中操作，施工方便。卡箍连接的最大工作压力可以达到2.8MPa，在消防给水系统中得到广泛应用。

图2-9　卡箍连接

2.1.3　消防给水管道的布置与敷设

2.1.3.1　给水管道布置基本要求

给水管道的布置受建筑结构、用水要求、配水点和室外给水管道的位置，以及供暖、通风、空调和供电等其他建筑设备工程管线布置等因素的影响。进行管道布置时，不但要处理和协调好各种相关因素的关系，还要满足以下基本要求：

(1)确保供水安全和良好的水力条件，力求经济合理。

①管道尽可能与墙、梁、柱平行，呈直线走向，力求管路简短，以减少工程量，降低造价，但不能有碍于生活、工作和通行。一般设置在管井、吊顶内、墙角边。干管应布置在用水量大或不允许间断供水的配水点附近，既利于供水安全，又可减少流程中不合理的转输流量，节省管材。

②不允许间断供水的建筑和设备，设2条或2条以上引入管，在室内将管道连成环状或贯通状双向供水，如图2-10所示。若条件不可能达到，可采取设贮水池(箱)或增设第二水源等安全供水措施。

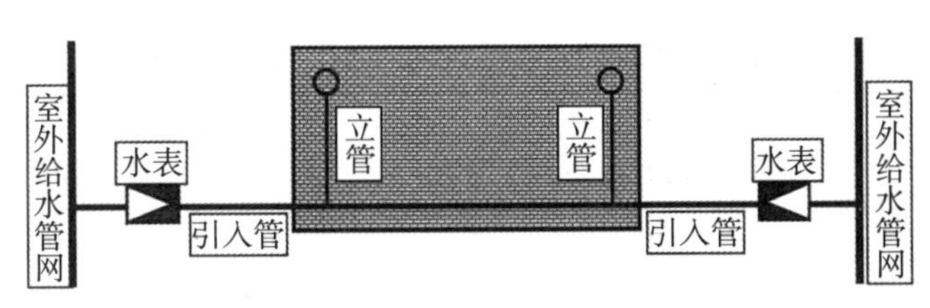

图 2-10　给水管网双向供水示意图

③不允许间断供水的建筑，应从室外环状管网不同管段引入，引入管不少于 2 条。若必须同侧引入，两条引入管的间距不得小于 15m，并在两条引入管之间的室外给水管上装阀门。

(2)保证给水管道不被损坏、正常使用。

①给水埋地管道应避免布置在可能受重物压坏处。管道不得穿越生产设备基础，如遇特殊情况必须穿越时，则应与有关专业人员协商，并采取有效的保护措施。

②管道不宜穿过伸缩缝、沉降缝。若需穿过，则应采取保护措施。管道穿过伸缩缝、沉降缝时，常用的保护措施有：

a. 留净空：在管道或保温层外皮上、下留有不小于 150mm 的净空；

b. 软性接头法：用橡胶软管或金属波纹管连接沉降缝、伸缩缝隙两边的管道；

c. 活动支架法：在沉降缝两侧设立支架，使管道只能垂直位移，不能水平横向位移，以适应沉降、伸缩之应力；

d. 丝扣弯头法：在建筑沉降过程中，两边的沉降差由丝扣弯头的旋转来补偿，适用于小管径的管道。

(3)不影响生产安全和建筑物的使用功能。

①管道不得穿越变电间、配电间、电梯机房、通信机房、大中型计算机房、计算机网络中心，有屏蔽要求的 X 光、CT 室，以及档案室、书库、音像库房等遇水会损坏设备和引发事故的房间。

②一般不宜穿越卧室、书房及贮藏间。不能布置在妨碍生产操作和交通运输处或遇水能引起燃烧、爆炸或损坏的设备、产品和原料上。

③不宜穿过橱窗、壁柜、吊柜等设施和在机械设备上方通过，以免影响各种设施的功能和设备的维修。

④为防止管道腐蚀，管道不允许布置在烟道、风道、电梯井和排水沟内，不允许穿大、小便槽，当立管位于大、小便槽端部 0.5m 以内时，在大、小便槽端部应有建筑隔断措施。

(4)便于安装维修。

管道周围要留有一定的空间，以满足安装、维修的要求。在管道井中布置管道要排列有序，以满足安装维修的要求。需要进入检修的管道井，其通道不宜小于 0.6m。管道井每层应设检修设施，每两层应有横向隔断。检修门宜开向走廊。给水管道与其他管道和建筑结构的最小净距见表 2-1。

表2-1　　**给水管与其他管道和建筑结构之间的最小净距**

给水管道名称	室内墙面（mm）	地沟壁和其他管道（mm）	梁、柱、设备（mm）	排水管		备注
				水平净距（mm）	垂直净距（mm）	
引入管				≥1000	≥150	在排水管上方
横干管	≥100	≥100	≥50且此处无接头	≥500	≥150	在排水管下方
立管　管径（mm）	≥25					
立管　<32						
立管　32～50	≥35					
立管　75～100	≥50					
立管　125～150	≥60					

（5）满足美观和维修的要求。

对美观要求较高的建筑，给水管道可以暗设。柔性管道宜暗设是为了便于检修，管道井每层设检修门，暗设在吊顶和管槽内的管道，在阀门处应留有检修口。

（6）保证水质不被污染或不影响使用。

生活给水引入管与生活排水排出管外壁的水平净距不能小于1m，室内给水管与排水管之间的最小净距，平行埋设应为0.5m，交叉埋设应为0.15m，且给水管应在排水管的上方，给水立管距大小便槽端部不得小于0.5m。

塑料给水管应远离热源，立管距灶边不得小于0.4m，与供暖管道、燃气热水器边缘的净距不得小于0.2m，且不得因热辐射使管外壁温度大于40℃；塑料给水管道不得与水加热器或热水炉直接连接，应有不小于0.4m的金属管段过渡。

塑料管与其他管道交叉敷设时，应采取保护措施或用金属套管保护。

2.1.3.2　管道的布置形式

（1）按供水可靠程度要求，管道布置形式可分为枝状和环状两种。

枝状为单向供水，供水安全可靠性差，但节省管材，造价低。

环状为水平配水干管或立管互相连接成环，组成水平干管环状或立管环状。高层建筑、大型公共建筑和工艺要求不间断供水的工业建筑常采用这种方式。任何管道发生事故时，可用阀门关闭事故管段而不中断供水，水流畅通，水损小，水质不易因滞留而变质，但管网造价高。

室内给水管道布置应符合下列规定：

①不得穿越变配电房、电梯机房、通信机房、大中型计算机房、计算机网络中心、音像库房等遇水会损坏设备或引发事故的房间；

②不得在生产设备、配电柜上方通过；

③不得妨碍生产操作、交通运输和建筑物的使用；

④不得布置在遇水会引起燃烧、爆炸的原料、产品和设备的上面。

(2)按水平干管的敷设位置，可分为上行下给式、下行上给式和中分式。

①上行下给式：干管设在顶层天花板下、吊顶内或技术夹层中，由上向下供水的为上行下给式。适用于设置高位水箱的住宅与公共建筑和地下管线较多的工业厂房。最高层配水点流出水头稍高，安装在吊顶内的配水干管可能漏水或结露损坏吊顶和墙面。如图 2-11 所示。

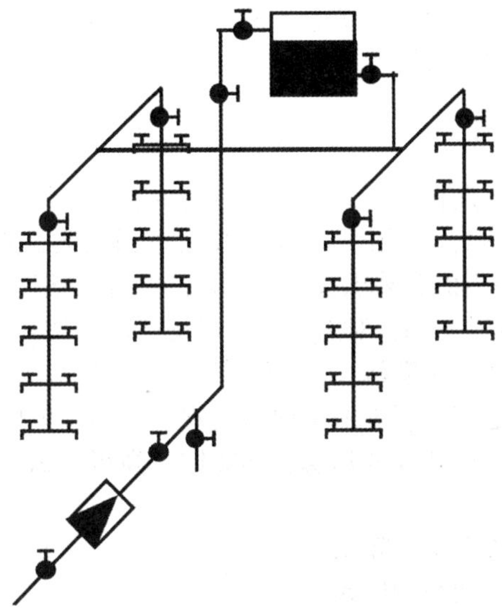

图 2-11　上行下给式布置形式示意图

②下行上给式：水平配水管敷设在低层(明装、暗装或沟敷)或地下室顶棚下。居住建筑、公共建筑和工业建筑，在用外网水压直接供水时多采用这种方式。简单、明装，便于安装维修，与上行下给式布置相比，为最高层配水点流出水头较低，埋地管道检修不便。如图 2-12 所示。

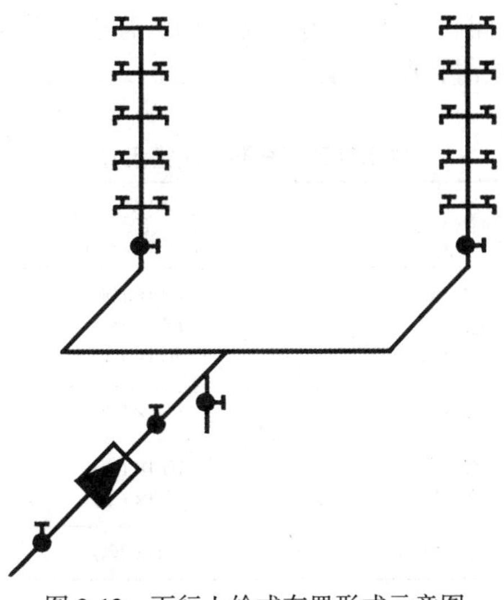

图 2-12　下行上给式布置形式示意图

③中分式：水平干管设在中间技术层内或某层吊顶内，由中间向上、下两个方向供水。适用于屋顶用作露天茶座、舞厅或设有中间技术层的高层建筑。

2.1.3.3　消防给水管道的敷设

管道及其附件要按照设计图纸上的走向，结合设计条件组成整体，并使之固定就位。安装时，按照管道与土建结构之间的关系不同，而有不同的敷设方式，如贴梁敷设、管井内敷设、地坪敷设或墙体内敷设等。

1. 给水管网的敷设方式

建筑内部给水管道的敷设根据美观、卫生方面的要求不同，可分为明装、暗装。

(1)明装：管道沿墙、梁、柱或沿天花板下等处暴露安装。其优点是造价低，安装、维修管理方便。但外露的管道表面容易积灰、结露等，影响环境卫生和美观。适用于一般民用建筑和生产车间，或建筑标准不高，对卫生、美观没有特殊要求的建筑的公共建筑等。

(2)暗装：管道隐蔽敷设在管沟、管槽、管井内、专用的设备层内或地下室的顶板下、房间的吊顶中。优点是管道不影响室内的美观、整洁，但施工复杂、维修困难、造价高。适用于对卫生、美观要求较高的建筑，如宾馆、高级公寓，以及要求无尘、洁净的车间、实验室、无菌室等。

给水管道暗装时，应符合下列要求：

①不得直接敷设在建筑物结构层内；

②干管和立管应敷设在吊顶、管井内，支管宜敷设在楼(地)面的垫层内或沿墙敷设在管槽内；

③敷设在垫层或墙体管槽内的给水管管材宜采用塑料、金属与塑料复合管材或耐腐蚀的金属管材。

2. 给水管网的敷设要求

给水横管穿承重墙或基础、立管穿楼板时，均应预留孔洞，暗装管道在墙中敷设时，也应预留墙槽，以免临时打洞、刨槽影响建筑结构的强度。管道预留孔洞、墙槽的尺寸，管道穿越楼板、屋顶、墙预留孔洞(或套管)尺寸见表 2-2、表 2-3。

表 2-2　**给水管预留孔洞、墙槽尺寸**

管道名称	管径(mm)	明管留孔尺寸(mm) 长(高)×宽	暗管墙槽尺寸(mm) 宽×深
立管	≤25 32~50 70~100	100×100 150×150 200×200	130×130 150×130 200×200
2 根立管	≤32	150×100	200×130
横支管	≤25 32~40	100×100 150×130	60×60 150×100
引入管	≤100	300×200	

表 2-3　　**留洞(或套管)尺寸**

管道名称	穿　楼　板	穿屋面	穿(内)墙	备注
PVC-U 管	孔洞大于管外径 50~100mm		与楼板同	
PVC-C 管	套管内径比管外径大 50mm		与楼板同	为热水管
PP-R 管			孔洞比管外径大 50mm	
PEX 管	孔洞宜大于管外径 70mm，套管内径不宜大于管外径 50mm	与楼板同	与楼板同	
PAP 管	孔洞或套管的内径比管外径大 30~40mm	与楼板同	与楼板同	
铜管	孔洞比管外径大 50~100mm		与楼板同	
薄壁不锈钢管	可用塑料套管	须用金属套管	孔洞比管外径大 50~100mm	
钢塑复合管	孔洞尺寸为管道外径加 40mm	与楼板同		

引入管进入建筑内有两种情况，一种是从建筑物的浅基础下通过，另一种是穿越承重墙或基础，其敷设方法分别如图 2-13 所示。

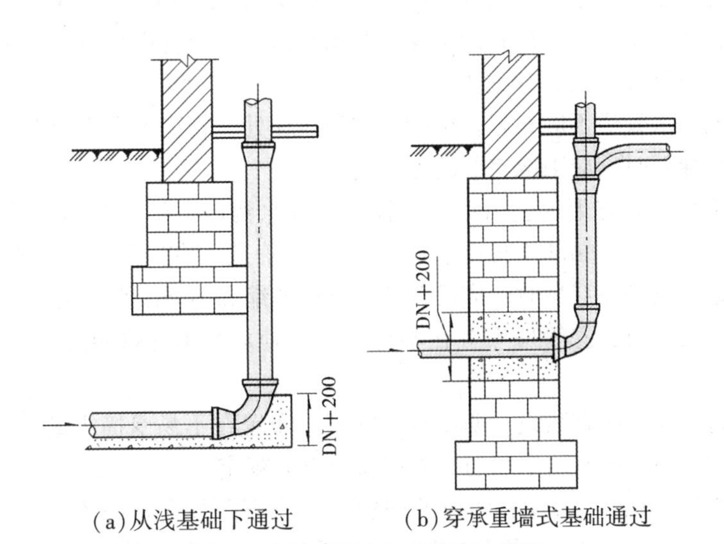

(a)从浅基础下通过　　(b)穿承重墙式基础通过

图 2-13　引入管进入建筑物示意图

给水管采用软质的交联聚乙烯管或聚丁烯管埋地敷设时，宜采用分水器配水，并将给水管道敷设在套管内。在地下水位高的地区，引入管穿地下室外墙或基础时，应采取防水措施，如设防水套管。室外埋地引入管，要防止地面活荷载和冰冻的破坏，其管顶覆土厚度不宜小于 0.7m，并应敷设在冰冻线以下 0.3m 处。建筑内埋地管在无活荷载和冰冻影响时，其管顶离地面高度不宜小于 0.3m。管道在空间敷设时，必须采用固定措施，以保证施工方便和安全供水。固定管道常用的支、托架如图 2-14 所示。

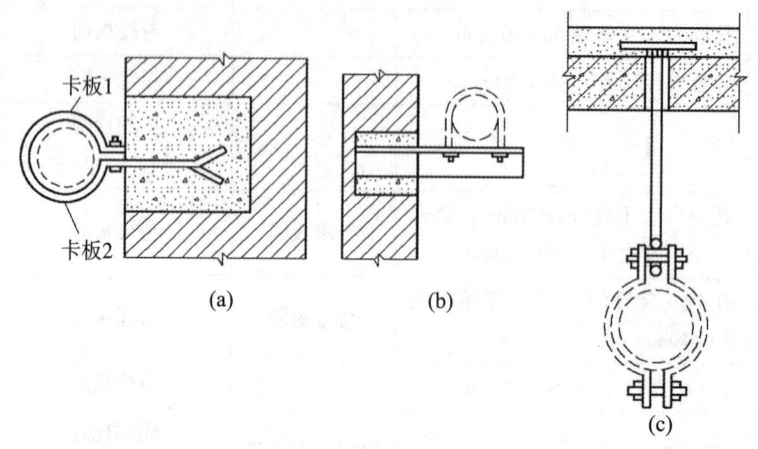

图 2-14　固定管道支、托架

给水钢立管一般每层须安装 1 个管卡，当层高大于 5m 时，则每层须安装 2 个，管卡安装高度，距地面应为 1. 5~1. 8m。采用金属制作的管道支架，应在管道与支架间衬非金属垫或套管。

当给水管道与排水管道或其他管道同沟敷设、共架敷设时，给水管宜敷设在排水管、冷冻管的上面，在热水管、蒸汽管的下面。给水管道与其他管道平行或交叉敷设时，管道外壁之间的距离应符合规范的有关要求。

埋地敷设的给水管道不应布置在可能受重物压坏处。管道不得穿越生产设备基础，在特殊情况下必须穿越时，应采取有效的保护措施。

给水管道不得敷设在烟道、风道、电梯井、排水沟内。给水管道不得穿过大、小便槽，且立管距大、小便槽端部不得小于 0. 5m。给水管道不宜穿越橱窗、壁柜。给水管道不宜穿越变形缝。当必须穿越时，应设置补偿管道伸缩和剪切变形的装置。塑料给水管道在室内宜暗设。明设时，立管应布置在不易受撞击处。当不能避免时，应在管外加保护措施。

塑料给水管道在室内宜暗设。明设时，立管应布置在不易受撞击处。当不能避免时，应在管外加保护措施。塑料给水管道布置应符合下列规定：

(1)不得布置在灶台上边缘；明设的塑料给水立管距灶台边缘不得小于 0. 4m，距燃气热水器边缘不宜小于 0. 2m；当不能满足上述要求时，应采取保护措施。

(2)不得与水加热器或热水炉直接连接，应有不小于 0. 4m 的金属管段过渡。

(3)给水引入管与排水排出管的净距不得小于 1m。建筑物内埋地敷设的生活给水管与排水管之间的最小净距，平行埋设时，不宜小于 0. 5m；交叉埋设时，不应小于 0. 15m，且给水管应在排水管的上面。

给水管道的伸缩补偿装置，应按直线长度、管材的线胀系数、环境温度和管内水温的变化，以及管道节点的允许位移量等因素经计算确定。应优先利用管道自身的折角补偿温度变形。

当给水管道结露会影响环境，引起装饰层或者物品等受损害时，给水管道应做防结露绝热层，防结露绝热层的计算和构造可按现行国家标准《设备及管道绝热设计导则》(GB/T 8175)执行。

给水管道暗设时，应符合下列规定：

(1)不得直接敷设在建筑物结构层内；

(2)干管和立管应敷设在吊顶、管井、管窿内，支管可敷设在吊顶、楼(地)面的垫层内或沿墙敷设在管槽内；

(3)敷设在垫层或墙体管槽内的给水支管的外径不宜大于 25mm；

(4)敷设在垫层或墙体管槽内的给水管管材宜采用塑料、金属与塑料复合管材或耐腐蚀的金属管材；

(5)敷设在垫层或墙体管槽内的管材，不得采用可拆卸的连接方式；柔性管材宜采用分水器向各卫生器具配水，中途不得有连接配件，两端接口应明露。

管道井尺寸应根据管道数量、管径、间距、排列方式、维修条件，结合建筑平面和结构形式等确定。需进人维修管道的管井，维修人员的工作通道净宽度不宜小于 0.6m。管道井应每层设外开检修门。管道井的井壁和检修门的耐火极限和管道井的竖向防火隔断应符合现行国家标准《建筑设计防火规范》(GB 50016)的规定。

给水管道穿越人防地下室时，应按现行国家标准《人民防空地下室设计规范》(GB 50038)的要求采取防护密闭措施。

需要泄空的给水管道，其横管宜设有 0.002~0.005 坡度的坡向泄水装置。

给水管道穿越下列部位或接管时，应设置防水套管：

(1)穿越地下室或地下构筑物的外墙处；

(2)穿越屋面处；

(3)穿越钢筋混凝土水池(箱)的壁板或底板连接管道时。

在室外明设的给水管道，应避免受阳光直接照射，塑料给水管还应有有效保护措施。在结冻地区，应做绝热层，绝热层的外壳应密封防渗；敷设在有可能结冻的房间、地下室及管井、管沟等处的给水管道，应有防冻措施。

3. 埋地钢质管道的防腐措施

钢质管道外防腐层应具备良好的电绝缘性、机械性、防潮防水性、附着力、耐化学性和热老化性、耐微生物侵蚀等基本性能。防腐层应根据输送介质运行温度、管道沿线敷设环境特点、使用寿命、施工可操作性、技术经济性等条件合理选用。

现场施工环境应满足材料的施工要求，当存在下列情况之一，且无有效措施时，不应在露天条件下进行防腐保温层施工：

(1)雨雪天、风沙天；

(2)风速达到 5 级以上；

(3)环境温度低于材料施工要求的温度下限；

(4)相对湿度大于 85%。

任务2.2　消防给水排水常用材料及设备

2.2.1　常用设备

消防给水系统主要由消防水源(市政管网、消防水池、消防水箱)、供水设施(消防水泵、消防增(稳)压设施、水泵接合器)和给水管网等构成。

2.2.1.1　消防水池、消防水箱

(1)建筑物内的水池(箱)应设置在专用房间内，房间应无污染、不结冻、通风良好，并应维修方便；室外设置的水池(箱)及管道应采取防冻、隔热措施。

(2)建筑物内的水池(箱)不应毗邻配变电所或在其上方，不宜毗邻居住用房或在其下方。

(3)当水池(箱)的有效容积大于500m^3时，宜分成容积基本相等、能独立运行的两格。

(4)水池(箱)外壁与建筑本体结构墙面或其他池壁之间的净距，应满足施工或装配的要求，无管道的侧面净距不宜小于0.7m；安装有管道的侧面，净距不宜小于1.0m，且管道外壁与建筑本体墙面之间的通道宽度不宜小于0.6m；设有人孔的池顶，顶板面与上面建筑本体板底的净空不应小于0.8m；水箱底与房间地面板的净距，当有管道敷设时不宜小于0.8m。

(5)供水泵吸水的水池(箱)内宜设有水泵吸水坑，吸水坑的大小和深度应满足水泵或水泵吸水管的安装要求。

(6)水池(箱)等构筑物应设进水管、出水管、溢流管、泄水管、通气管和信号装置等，并应符合下列规定：

①进、出水管应分别设置，进、出水管上应设置阀门；

②当利用城镇给水管网压力直接进水时，应设置自动水位控制阀，控制阀直径应与进水管管径相同；当采用直接作用式浮球阀时，不宜少于2个，且进水管标高应一致；

③当水箱采用水泵加压进水时，应设置水箱水位自动控制水泵开、停的装置；当一组水泵供给多个水箱进水时，在各个水箱进水管上宜装设电信号控制阀，由水位监控设备实现自动控制；

④溢流管宜采用水平喇叭口集水，喇叭口下的垂直管段长度不宜小于4倍溢流管管径；溢流管的管径应按能排泄水池(箱)的最大入流量确定，并宜比进水管管径大一级；溢流管出口端应设置防护措施；

⑤泄水管的管径应按水池(箱)泄空时间和泄水受体排泄能力确定；当水池(箱)中的水不能以重力自流泄空时，应设置移动或固定的提升装置；

⑥低位贮水池应设水位监视和溢流报警装置，高位水箱和中间水箱宜设置水位监视和溢流报警装置，其信息应传至监控中心；

⑦通气管的管径应经计算确定，通气管的管口应设置防护措施。

2.2.1.2 消防水泵

消防水泵应自灌吸水，并应符合下列规定：

(1)每台水泵宜设置单独从水池吸水的吸水管；

(2)吸水管内的流速宜采用 1~1.2m/s；

(3)吸水管口宜设置喇叭口；喇叭口宜向下，低于水池最低水位不宜小于 0.3m；当达不到上述要求时，应采取防止空气被吸入的措施；

(4)吸水管喇叭口至池底的净距，不应小于 0.8 倍吸水管管径，且不应小于 0.1m；吸水管喇叭口边缘与池壁的净距不宜小于 1.5 倍吸水管管径；

(5)吸水管与吸水管之间的净距，不宜小于 3.5 倍吸水管管径(管径以相邻两者的平均值计)；

(6)当水池水位不能满足水泵自灌启动水位时，应设置防止水泵空载启动的保护措施。

自吸式水泵每台应设置独立从水池吸水的吸水管。水泵以水池最低水位计算的允许安装高度，应根据当地大气压力、最高水温时的饱和蒸汽压、水泵汽蚀余量、水池最低水位和吸水管路水头损失，经计算确定，并应有安全余量，安全余量不应小于 0.3m。

每台水泵的出水管上应装设压力表、检修阀门、止回阀或水泵多功能控制阀，必要时可在数台水泵出水汇合总管上设置水锤消除装置。自灌式吸水的水泵吸水管上应装设阀门。

2.2.1.3 消防增(稳)压设施

1. 稳压泵

稳压泵的作用是保证管网处于充满水的状态，并保证管网内的压力。稳压泵宜采用离心泵，并宜符合下列规定：

(1)宜采用单吸单级或单吸多级离心泵；

(2)泵外壳和叶轮等主要部件的材质宜采用不锈钢。

稳压泵的设计流量应符合下列规定：

(1)稳压泵的设计流量不应小于消防给水系统管网的正常泄漏量和系统自动启动流量；

(2)消防给水系统管网的正常泄漏量应根据管道材质、接口形式等确定，当没有管网泄漏量数据时，稳压泵的设计流量宜按消防给水设计流量的 1%~3%计，且不宜小于 1L/s；

(3)消防给水系统所采用报警阀压力开关等自动启动流量应根据产品确定。

稳压泵的设计压力应符合下列要求：

(1)稳压泵的设计压力应满足系统自动启动和管网充满水的要求；

(2)稳压泵的设计压力应保持系统自动启泵压力设置点处的压力在准工作状态时大于系统设置自动启泵压力值，且增加值宜为 0.07~0.1MPa；

(3)稳压泵的设计压力应保持系统最不利点处水灭火设施在准工作状态时的静水压力应大于 0.15MPa。

设置稳压泵的临时高压消防给水系统，应设置防止稳压泵频繁启停的技术措施。当采用气压水罐时，其调节容积应根据稳压泵启泵次数不大于15次/h计算确定，但有效储水容积不宜小于150L。

稳压泵吸水管应设置明杆闸阀，稳压泵出水管应设置消声止回阀和明杆闸阀。稳压泵应设置备用泵。

2. 气压罐

设置气压罐的目的是防止稳压泵频繁启停，并提供一定的初期水量。气压罐宜采用隔膜式气压罐，其调节水容积应根据稳压泵启动次数不大于15次/h计算确定，消火栓系统不应小于300L，喷淋系统不应小于150L。

2.2.1.4　水泵接合器

下列场所的室内消火栓给水系统应设置消防水泵接合器：

(1)高层民用建筑；

(2)设有消防给水的住宅、超过五层的其他多层民用建筑；

(3)超过2层或建筑面积大于10000m^{2}的地下或半地下建筑(室)、室内消火栓设计流量大于10L/s平战结合的人防工程；

(4)高层工业建筑和超过四层的多层工业建筑；

(5)城市交通隧道。

消防水泵接合器的给水流量宜按每个10~15L/s计算。每种水灭火系统的消防水泵接合器设置的数量应按系统设计流量经计算确定，但当计算数量超过3个时，可根据供水可靠性适当减少。

临时高压消防给水系统向多栋建筑供水时，消防水泵接合器应在每座建筑附近就近设置。

消防给水为竖向分区供水时，在消防车供水压力范围内的分区，应分别设置水泵接合器；当建筑高度超过消防车供水高度时，消防给水应在设备层等方便操作的地点设置手抬泵或移动泵接力供水的吸水口和加压接口。

水泵接合器应设在室外便于消防车使用的地点，且距室外消火栓或消防水池的距离不宜小于15m，并不宜大于40m。

墙壁消防水泵接合器的安装高度距地面宜为0.7m；与墙面上的门、窗、孔、洞的净距离不应小于2m，且不应安装在玻璃幕墙下方；地下消防水泵接合器的安装，应使进水口与井盖底面的距离不大于0.4m，且不应小于井盖的半径。

2.2.2　常用管材管件

2.2.2.1　消防给水系统常用管材管件

1. 给水系统常用管材

给水系统是由管材、管件、附件以及设备仪表共同连接而成。正确选用管材，对工程质量、工程造价和使用安全都会产生直接的影响。

选用给水管材时，首先应了解各类管材的特性指标，然后根据建筑装饰标准、输送水温度计水质要求、使用场合、敷设方式等，进行技术经济比较后确定，需要遵循的原则是安全可靠、卫生环保、经济合理、水力条件好、便于施工维护。聚乙烯管、聚丙烯管、铝塑复合管是目前建筑给水推荐使用管材。

小区室外埋地给水管道应具有耐腐蚀和能承受相应地面荷载的能力。可采用塑料给水管、有衬里的铸铁给水管、经可靠防腐处理的钢管。室内的给水管道应选用耐腐蚀和安装连接方便可靠的管材，可采用塑料给水管、塑料和金属复合管、铜管、不锈钢管及经可靠防腐处理的钢管。高层建筑给水立管不宜采用塑料管。

2. 给水管道管件

管件是指在管道系统中起连接、变径、转向、分支等作用的零件，又称管道配件。不同的管材有相应的管道配件。

(1)管箍：是管道连接中常用的一种配件，用来连接两根管子，又名管古。通常水电工在使用的过程中也叫“直接”或“外接头”。根据连接管径不同，可分为同径管箍和异径管箍。同径管箍用来连接两根等径的直管，又称“内丝”；异径管箍用来连接两根异径的直管，俗称“大小头”。

(2)丝堵：又称管塞，用来堵塞管件的一端，或堵塞管道的预留口。

(3)弯头：包括45°和90°弯头，用来改变管道的方向。

(4)三通：包括等径三通和异径三通，用于管道的分支和汇合处。

(5)四通：包括等径四通和异径四通，用于管道的“十”字形分支处。

(6)活接头：活接头有螺纹连接和承插焊连接两种，又叫由壬或由任，是一种用于同径直管连接，能方便安装拆卸的常用管道连接件。活接头由三部分组成，1 个特制的八角螺母和 2 个特制的螺纹接头，螺纹接头用于连接管道中的两端管子，中间的八角螺母相当于一个管箍将两端管子连接起来，这样可不动管子而将两管分开，便于检修。如图 2-15 所示。

图 2-15　活接头

2.2.2.2 消防排水系统常用管材管件

1. 排水系统常用管材

在选择排水管道管材时，应综合考虑建筑物的使用性质、建筑高度、抗震要求、防火要求及当地的管材供应条件，因地制宜选用。排水系统常用管材有排水铸铁管、塑料管、钢管、铝塑复合排水管。

1)排水铸铁管

排水铸铁管的管壁比给水铸铁管要薄，不能承受高压，常用作建筑生活污水管、雨水管等，也可用作生产排水管。

排水铸铁管连接方式多为承插连接，管径在50～200mm常用的接口材料有普通水泥接口、石棉水泥接口和膨胀水泥接口等。

排水铸铁管有刚性接口和柔性接口两种，为使管道在水压下具有良好的曲挠性和伸缩性，以适应建筑楼层间变位导致的轴向位移和横向曲挠变形，防止管道裂缝、折断，建筑内部排水管道应采用柔性接口机制排水铸铁管。

柔性接口机制排水铸铁管有两种，一种是连续铸造工艺制造承口带法兰，管壁较厚，采用法兰压盖、橡胶密封圈、螺栓连接。如图2-16所示。另一种是水平旋转离心铸造工艺制造，无承口，挂壁薄而均匀，重量轻，采用不锈钢带、橡胶密封圈、卡紧螺栓连接，具有安装更换管理方便、美观的特点。如图2-17所示。

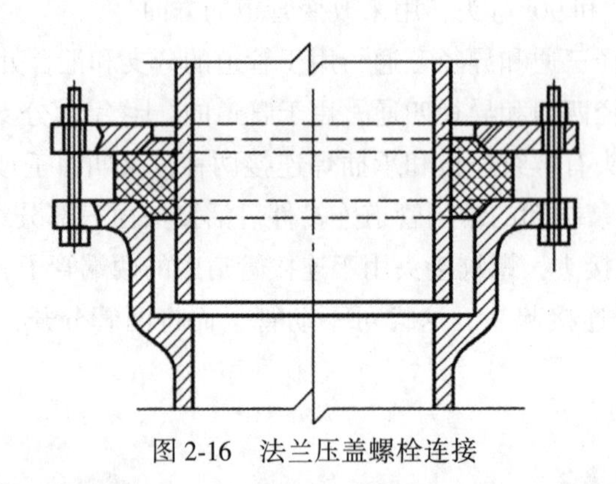

图2-16 法兰压盖螺栓连接

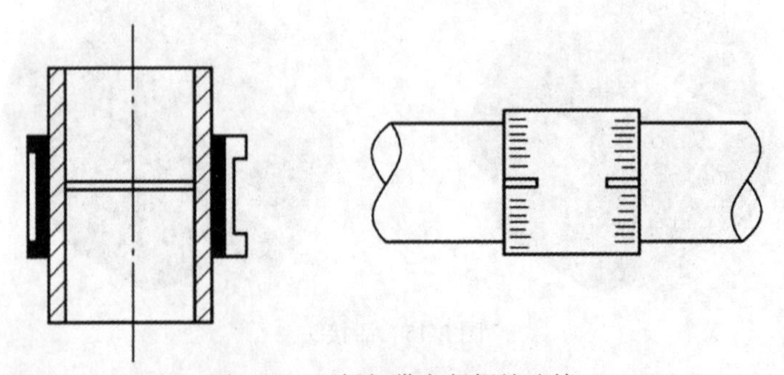

图2-17 不锈钢带卡紧螺栓连接

柔性接口机制排水铸铁管强度大、抗震性能好、噪音低、防火性能好、寿命长、膨胀系数小、安装施工方便、美观(不带承口)、耐磨和耐高温性能好，但是造价较高。

适用范围如下：

(1)建筑高度超过 100m 的高层建筑；

(2)对防火等级要求高的建筑物；

(3)要求环境安静的场所；

(4)环境温度可能出现 0℃以下的场所；

(5)连续排水温度大于 40℃，瞬时排水温度大于 80℃的排水管道。

2)排水塑料管

塑料管包括 PVC-U(硬聚氯乙烯)管、UPVC 隔音空壁管、UPVC 心层发泡管、ABST 等多种管道，适用于建筑高度不大于 100m、连续排放温度不大于 40℃、瞬时排放温度不大于 80℃的生活污水系统及雨水系统，也可用作生产排水管。噪声要求特别严格高层建筑和地震烈度较高地区的工业与民用建筑，都不宜选用塑料管材和管件。常用胶粘剂承插连接，或弹性圈承插连接。目前在建筑内部广泛使用的排水塑料管是硬聚氯乙烯塑料管(简称 UPVC 管)。

排水塑料管的优点是重量轻、不结垢、不腐蚀、外壁光滑、容易切割、便于安装，可制成各种颜色，投资省、节能。缺点是强度低、耐温性差(使用温度为-5~50℃)、立管噪声大、暴露于阳光下的管道易老化、防火性能差。

3)钢管

用作卫生器具排水支管及生产设备振动较大的地点、非腐蚀性排水支管，以及管径小于或等于 50mm 的管道，可采用焊接或配件连接方式。

2. 排水管道管件

排水管道是通过各种管件来连接的。排水管道管件用来改变排水管道的直径、方向，连接交汇的管道检查和清通管道。管件种类很多，常用的有以下几种：

(1)弯头：用在管道转弯处，使管道改变方向。常用弯头的角度有 90°和 45°两种。

(2)“乙”字管：排水立管在室内距墙比较近，但基础比墙要宽，为了到下部绕过基础，需设“乙”字管，或高层排水系统为消能，而在立管上设置“乙”字管。

(3)三通或四通：用在两条管道或三条管道的汇合处。三通有正三通、顺水三通和斜三通三种，四通有正四通和斜四通两种。

(4)管箍：作用是将两段排水铸铁直管连在一起。

任务 2.3　消防给水排水工程施工图识读

施工图是工程界的语言，是建筑施工的依据，是编制施工图预算的基础。建筑给排水施工图采用统一的图形符号并以文字说明做补充，将其设计意图完整明了地表达出来，用以指导工程的施工。

给排水施工图是表达室外给水、室外排水及室内给水排水工程设施的结构形状、大小、位置、材料及有关技术要求的图样，以交流设计和指导施工人员按图施工。

给排水施工图一般由基本图和详图组成，其中，基本图包括管道设计平面布置图、剖面图、轴测图、原理图及说明等；详图包括各局部的详细尺寸及施工要求。

2.3.1　消防给水排水施工图识图注意要点

(1)识读室内给水施工图时，首先对照图纸目录，核对整套图纸是否完整，各张图纸的图名是否与图纸目录所列的图名相吻合，确认无误后再正式识读。

(2)识读时，必须分清系统，各系统不能混读。将平面图与系统图对照起来看，以便相互补充和说明。建立全面、完整、细致的工程形象，以全面地掌握设计意图。对用水设备的安装尺寸、要求、接管方式等不了解时，还必须辅以相应的安装详图。

(3)给水系统按进水流向，先找系统的入口，从引入管、干管、支管到用水设备的进水接口的顺序识读。

(4)排水系统按排水流向，从用水设备的排水口、排水支管、排水干管、排水立管到排出管的顺序识读。

2.3.2　消防给水排水工程施工图识读

2.3.2.1　给排水施工图的一般规定

为了统一房屋建筑制图规则，保证制图质量，提高制图效率，做到图画清晰、简明，符合设计、施工、存档的要求，适应工程建设的需要，在绘制给排水施工图时必须遵循《房屋建筑制图统一标准》(GB/T 50001—2017)和《给水排水制图标准》(GB/T 50106—2010)等相关制图标准。

1. 图线

建筑给排水施工图的线宽b应根据图纸的类别、比例和复杂程度确定。一般线宽b宜为0.7mm或1mm。建筑给排水专业制图线型如表2-4所示。

表2-4　**建筑给排水专业制图线型**

名称	线　型	线宽	用　途
粗实线	————————	b	新设计的各种排水和其他重力流管线
粗虚线	— — — — —	b	新设计的各种排水和其他重力流管线的不可见轮廓线
中粗实线	————————	0.7b	新设计的各种给水和其他压力流管线；原有的各种排水和其他重力流管线
中粗虚线	— — — — — — — —	0.7b	新设计的各种给水和其他压力流管线的不可见轮廓线；原有的各种排水和其他重力流管线的不可见轮廓线

2. 比例

给排水施工图常用比例如表 2-5 所示。

表 2-5　　**给排水施工图常用比例**

名　称	比　例	备　注
区域规划图 区域位置图	1：50000、1：25000、1：10000、 1：5000、1：2000	宜与总图专业一致
总平面图	1：1000、1：500、1：300	宜与总图专业一致
管道纵断面图	竖向 1：200、1：100、1：50 纵向 1：1000、1：500、1：300	—
水处理长(站)平面图	1：500、1：200、1：100	—
水处理构筑物、设备间、卫生间，泵房平、剖面图	1：100、1：50、1：40、1：30	—
建筑给水排水平面图	1：200、1：150、1：100	宜与建筑专业一致
建筑给水排水轴测图	1：150、1：100、1：50	宜与相应图纸一致
详图	1：50、1：30、1：20、1：10、 1：5、1：2、1：1、2：1	—

3. 标高

一般以米(m)为单位，应注写到小数点后第三位，压力管道多标注管中心标高，重力管道多标管内底标高。室内工程应标注相对标高，室外工程应标注绝对标高，当无绝对标高资料时，可标注相对标高，但应与总图专业一致。

下列部位应标注标高：沟渠和重力流管道的起讫点、转角点、连接点、变尺寸(管径)点及交叉点；压力流管道中的标高控制点；管道穿外墙、剪力墙和构筑物的壁及底板等处；不同水位线处；构筑物和土建部分的相关标高。

标高的标注方法：平面图、系统图中管道标高应按图 2-18 所示的方式标注。剖面图中管道及水位标高应按图 2-19 所示的方式标注。

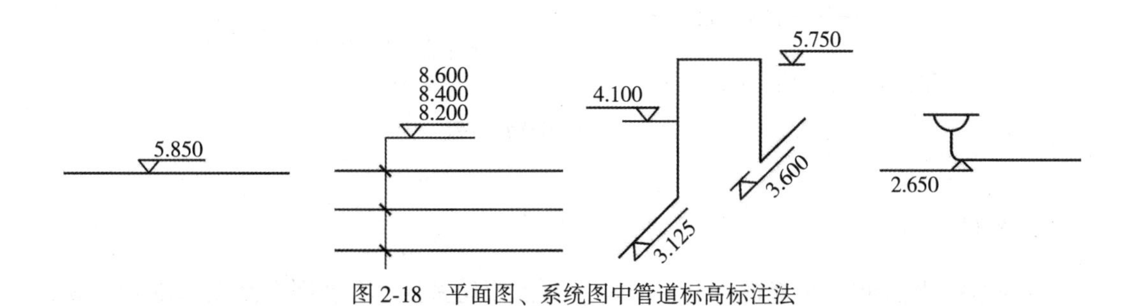

图 2-18　平面图、系统图中管道标高标注法

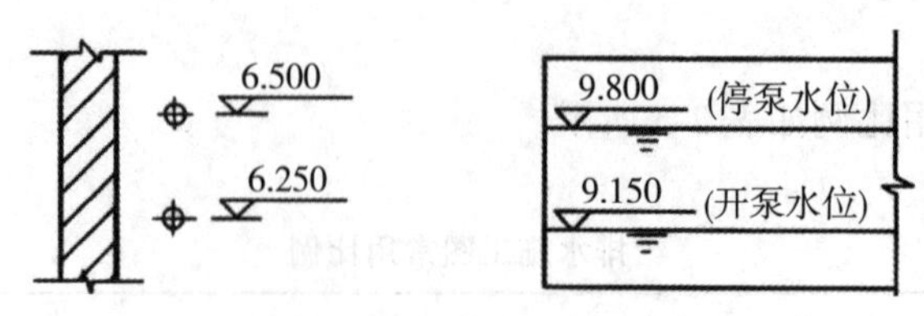

图 2-19 剖面图中管道及水位标高标注法

4. 管径

管径应以毫米(mm)为单位。管径的标注方法应符合下列规定：单根管道时，管径应按图 2-20 所示的方式标注。多根管道时，管径应按图 2-21 所示的方式标注。

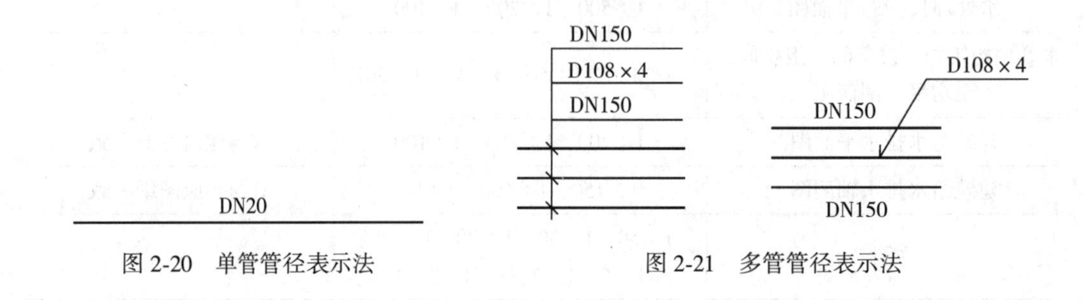

图 2-20 单管管径表示法　　图 2-21 多管管径表示法

5. 编号

给水系统以每一条引入管为一个系统，排水系统以每一条排出管或一个室外检查井为一个系统，立管数量超过 1 根时，宜进行立管编号，如图 2-22(a)所示。穿过建筑物一层或几层楼板的立管数量多于 1 个时，宜用阿拉伯数字进行编号，如图 2-22(b)所示。附属构筑物(如阀门井、水表井、检查井、化粪池等)多于 1 个时，应进行构筑物编号。

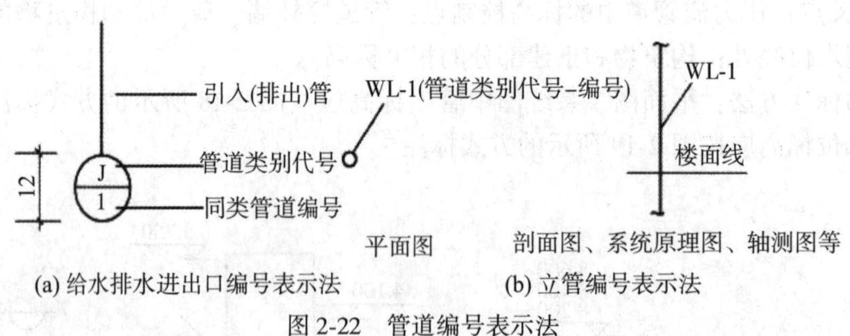

图 2-22 管道编号表示法

6. 图例

建筑给排水图纸上的管道、卫生器具、设备等均按照《给水排水制图标准》(GB/T

50106—2010)使用统一的图例来表示。

在《给水排水制图标准》(GB/T 50106—2010)中列出了 11 类图例(管道、管道附件、管道连接、管件、阀门、给水配件、消防设施、卫生设备及水池、小型给水排水构筑物、给水排水设备、仪表等)。给水排水施工图常用阀门图例见表 2-6。

表 2-6 给水排水施工图常用阀门图例

序号	名称	图例	序号	名称	图例
1	闸阀		9	角阀	
2	截止阀		10	自动排气阀	平面 系统
3	蝶阀		11	浮球阀	平面 系统
4	球阀		12	液压水位控制阀	
5	单向阀		13	延时自闭冲洗阀	
6	消声单向阀		14	溢流阀	
7	减压阀		15	遥控信号阀	
8	水流指示器		16	湿式报警阀	平面 系统

2.3.2.2 消防给水排水施工图

建筑给水排水工程施工图一般由图纸目录、设计和施工总说明、主要设备材料表、图例、平面图、系统图(轴测图)、施工详图等组成。识读施工图时，首先应查看设计及施工总说明，明确设计要求，把平面图和系统图对照起来看，最后阅读详图。

1. 图纸目录

将全部施工图按其编号(设施-X)、图名序号填入图纸目录表格，同时在表头上标明建设单位、工程项目、分部工程名称、设计日期等。其作用是核对图纸数量，便于识读时查找。

2. 设计和施工总说明

包括以下内容：一般用文字表明工程概况(包括建筑类型、建筑面积、设计参数等)；设计中用图形无法表达的一些设计要求(如管道材料、防腐要求、保温材料及厚度、管道及设备的试压要求、清洗要求等)；施工中引用的规范、标准和图集：主要设备材料表及应特别注意的事项等。凡是图纸中无法表达或表达不清的，而又必须为施工技术人员所了解的内容，均应用文字说明。如图 2-23 所示。

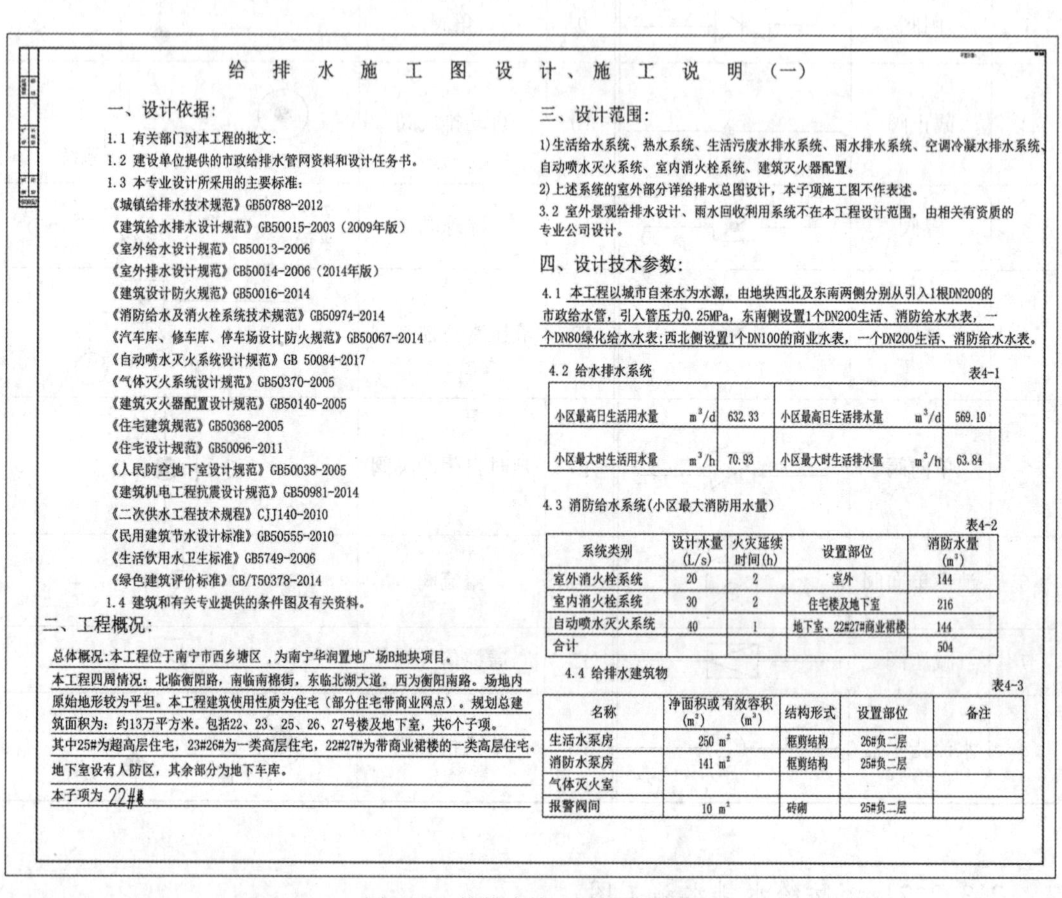

给 排 水 施 工 图 设 计、施 工 说 明 (一)

一、设计依据:

1.1 有关部门对本工程的批文:

1.2 建设单位提供的市政给排水管网资料和设计任务书。

1.3 本专业设计所采用的主要标准:

《城镇给排水技术规范》GB50788-2012

《建筑给水排水设计规范》GB50015-2003 (2009年版)

《室外给水设计规范》GB50013-2006

《室外排水设计规范》GB50014-2006 (2014年版)

《建筑设计防火规范》GB50016-2014

《消防给水及消火栓系统技术规范》GB50974-2014

《汽车库、修车库、停车场设计防火规范》GB50067-2014

《自动喷水灭火系统设计规范》GB 50084-2017

《气体灭火系统设计规范》GB50370-2005

《建筑灭火器配置设计规范》GB50140-2005

《住宅建筑规范》GB50368-2005

《住宅设计规范》GB50096-2011

《人民防空地下室设计规范》GB50038-2005

《建筑机电工程抗震设计规范》GB50981-2014

《二次供水工程技术规程》CJJ140-2010

《民用建筑节水设计标准》GB50555-2010

《生活饮用水卫生标准》GB5749-2006

《绿色建筑评价标准》GB/T50378-2014

1.4 建筑和有关专业提供的条件图及有关资料。

二、工程概况:

总体概况:本工程位于南宁市西乡塘区，为南宁华润置地广场B地块项目。

本工程四周情况：北临衡阳路，南临南棉街，东临北湖大道，西为衡阳南路。场地内原始地形较为平坦。本工程建筑使用性质为住宅（部分住宅带商业网点）。规划总建筑面积为：约13万平方米。包括22、23、25、26、27号楼及地下室，共6个子项。

其中25#为超高层住宅，23#26#为一类高层住宅，22#27#为带商业裙楼的一类高层住宅。

地下室设有人防区，其余部分为地下车库。

本子项为 22#楼

三、设计范围:

1)生活给水系统、热水系统、生活污废水排水系统、雨水排水系统、空调冷凝水排水系统、自动喷水灭火系统、室内消火栓系统、建筑灭火器配置。

2)上述系统的室外部分详给排水总图设计，本子项施工图不作表述。

3.2 室外景观给排水设计、雨水回收利用系统不在本工程设计范围，由相关有资质的专业公司设计。

四、设计技术参数:

4.1 本工程以城市自来水为水源，由地块西北及东南两侧分别从引入1根DN200的市政给水管，引入管压力0.25MPa，东南侧设置1个DN200生活、消防给水水表，一个DN80绿化给水水表;西北侧设置1个DN100的商业水表，一个DN200生活、消防给水水表。

4.2 给水排水系统

表4-1

小区最高日生活用水量	m^3/d	632.33	小区最高日生活排水量	m^3/d	569.10
小区最大时生活用水量	m^3/h	70.93	小区最大时生活排水量	m^3/h	63.84

4.3 消防给水系统(小区最大消防用水量)

表4-2

系统类别	设计水量(L/s)	火灾延续时间(h)	设置部位	消防水量(m^3)
室外消火栓系统	20	2	室外	144
室内消火栓系统	30	2	住宅楼及地下室	216
自动喷水灭火系统	40	1	地下室、22#27#商业裙楼	144
合计				504

4.4 给排水建筑物

表4-3

名称	净面积或有效容积(m^2)　(m^3)	结构形式	设置部位	备注
生活水泵房	250 m^2	框剪结构	26#负二层	
消防水泵房	141 m^2	框剪结构	25#负二层	
气体灭火室				
报警阀间	10 m^2	砖砌	25#负二层	

图 2-23　给排水施工图设计说明

3. 主要设备材料表

工程中选用的主要材料及设备应列表注明。表中应列出材料的类别、规格数量、设备的品种规格和主要尺寸等。

4. 平面图

平面图是水平剖切后，自上而下垂直俯视的可见图形，又称俯视图。平面图是最基本的施工图样。平面图没有高度的意义。

平面图包括以下内容：给水排水、消防给水管道的平面布置，卫生设备及其他用水设备的位置、房间名称、主要轴线号和尺寸线；给水、排水、消防立管位置及编号；底层平面图中还包括引入管、排出管、水泵接合器等与建筑物的定位尺寸、穿建筑物外墙及基础的标高。

5. 系统图

系统图(轴测图)就是建筑内部给排水管道系统的轴测投影图，用于表明给排水管道的空间位置及相互关系，一般按管道类别分别绘制。采用斜二测画法，用米作为单位，表示管道及设备的空间位置关系，通过系统图，可以对工程的全貌有整体了解。

系统图包括以下内容：建筑楼层标高、层数、室内外建筑平面高差；管道走向、管径、仪表及阀门、控制点标高和管道坡度：各系统编号，立管编号，各楼层卫生设备和工艺用水设备的连接点位置；排水立管上检查口、通气帽的位置及标高。系统图上各种立管的编号，应与平面布置图相一致。系统图中对用水设备及卫生器具的种类、数量和位置完全相同的支管、立管，可不重复完全绘出，但应用文字标明。

6. 详图

一般用较大比例绘制详图。包括以下内容：设备及管道的平面位置，设备与管道的连接方式，管道走向、管道坡度、管径，仪表及阀门、控制点标高等，常用的卫生器具及设备。施工详图可直接套用有关给水排水标准和图集。

2.3.2.3　平面图的识读

给水排水平面图应表达给水排水管线和设备的平面布置情况。识读时，首先应阅读设计说明，熟悉图例、符号，明确整个工程给水排水概况、管道材质、连接方式、安装要求等。

识读给水平面图时，应按供水方向分系统并分层识读，即按水源—管道—用水设备的顺序识读。

(1)对照图例、编号、设备材料表明确供水设备的类型、规格数量，明确其在各层安装的平面定位尺寸，同时查清选用标准图号。

(2)明确引入管的入口位置，与入口设备水池、水泵的平面连接位置。

(3)明确干管在各层的走向、管道敷设方式、管道的安装坡度、管道的支承与固定方式。

(4)明确给水立管的位置、立管的类型及编号情况，各立管与干管的平面连接关系。

(5)明确横支管与用水设备的平面连接关系，明确敷设方式。

(6)消防给水管道要查明消火栓的布置、口径大小及消火栓箱的形式与位置。

识读排水平面图时，应按卫生器具—排水支管—排水横管—排水立管—排出管的顺序识读。识读时，应明确排水设备的平面定位尺寸，明确排出管、立管、横管、器具支管、通气管、地面清扫口的平面定位尺寸，以及各管道排水设备的平面连接关系。

1. 室外给水排水平面图

1)室外给水排水平面图内容

室外给水排水平面图是以建筑总平面的主要内容为基础，表明某小区(厂区)或某座建筑物室外给水排水的布置情况。室外给水排水平面图包括室外地形、建筑物、道路、绿化等平面布置及标高情况等。

2)识读

(1)了解设计说明，熟悉有关图例。

(2)区分给水与排水及其他用途管道，区分原有和新建管道，分清同种管道的不同系统。

(3)分系统按给水及排水的流程逐个了解阀门井、水表井、消火栓和检查井等。

下面以图2-24所示某科研所办公楼室外给水排水平面图为例进行识读。

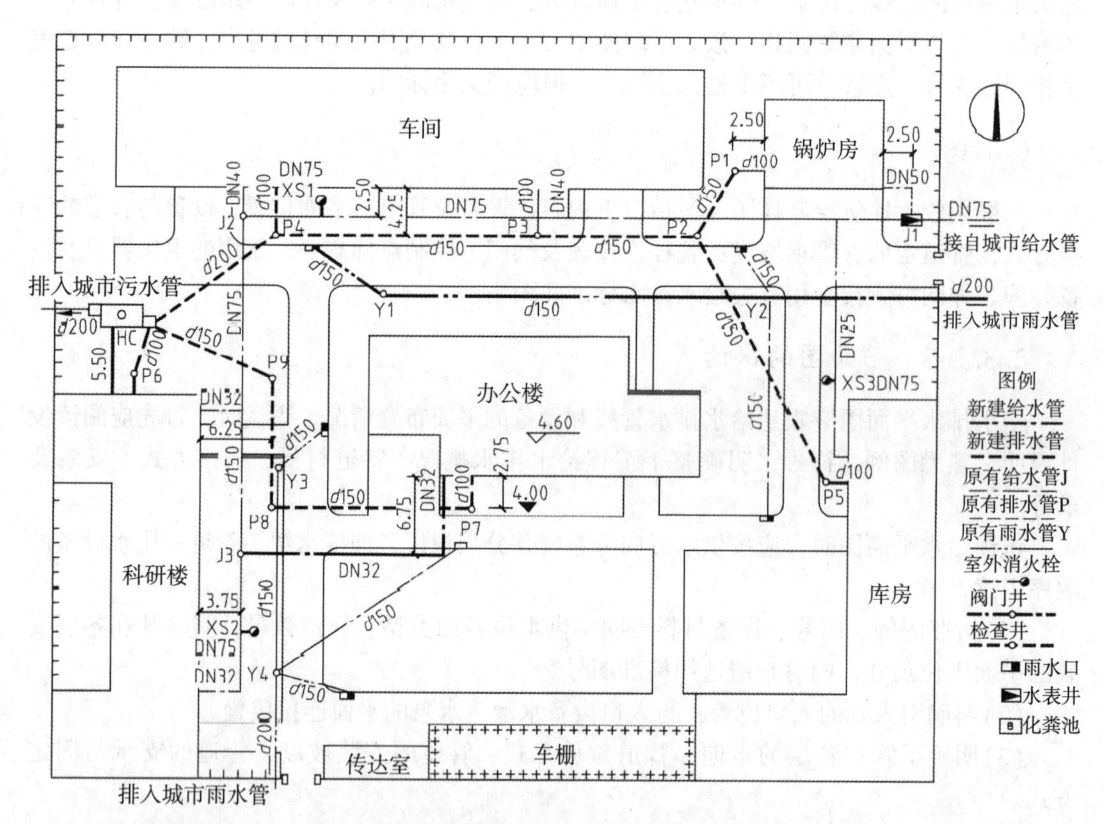

图2-24　某科研所办公楼室外给水排水平面图

①给水系统。原有给水管道是从东面市政给水管网引入城市给水管，该管中心距离锅炉房2.5m，管径为75mm。其上设水表井J1，内装水表及控制水阀。给水管一直向西再折向南，沿途分设支管分别接入锅炉房(DN50)、库房(DN25)、车间(DN40×2)、科研楼DN32×2)，并设置了3个室外消火栓。

新建给水管道是由科研楼东侧的原有给水管阀门井 J3(预留口)接出，向东再向北引入新建办公楼，管径为 DN32，管中心标高 3.1m。

②排水系统。根据市政排水管网提供的条件采用分流制，分为污水和雨水两个系统分别排放。污水系统原有污水管道是分两路汇集至化粪池，北路连接锅炉房、库房和车间的污水排出管，由东向西接入化粪池(P5、P1—P2—P3—P4—HC)，南路连接科研楼污水排出管向北排入化粪池(P6—HC)。新建污水管道是办公楼污水排出管由南向西再向北排入化粪池(P7—P8—P9—HC)，汇集到化粪池的污水经化粪池预处理后，从出水井排入附近市政污水管。

③雨水系统。各建筑物屋面雨水经房屋雨水管流至室外地面，汇合庭院雨水经路边雨水口进入雨水管道，然后经由两路 Y1—Y2 向东和 Y3—Y4 向南排入城市雨水管。

2. 室内给水排水平面图

室内给水排水平面图是表明给水排水管道、设备等布置的图纸。室内给水排水平面图内容如下：

(1)各用水设备的平面位置、类型；

(2)给水管网、排水管网的各个干管、立管、支管的平面位置、走向、立管编号和管道的安装方式(明装或暗装)；

(3)管道器材设备如阀门、消火栓、地漏、清扫口等的平面位置；给水引入管、水表节点、污水排出管的平面位置、走向及与室外给水、排水管网的连接(底层平面图)方式；

(4)管道及设备安装预留洞位置、顶埋件、管沟等方向对土建的要求。

2.3.2.4　系统图的识读

室内给水排水系统图是根据各层给水排水平面图中管道及用水设备的平面位置和竖直标高，用正面斜轴测投影绘制而成的图。它表明室内给水管网和排水管网上下层之间、左右前后之间以及设备在建筑中的空间关系。

系统图与平面图对照阅读，可以了解整个室内给水排水管道系统的全貌。系统图上注有各管径尺寸、立管编号、管道标高和坡度，并标明各种器材在管道上的位置。

给水管道系统图中的管道一般都是采用单线图绘制，管道中的重要管件(如阀门)用图例表示，而更多的管件(如补芯、活接头、三通及弯头等)在图中并未做特别标注。这就要求要熟练掌握有关图例、符号和代号的含义，并对管路构造及施工程序有足够的了解。

识读给水系统图时，从入口处的引入管开始，沿干管、最远立管、最远横支管和用水设备识读，再按立管编号顺序识读各分支系统。即：引入管的标高，引入管与入口设备的连接高度；干管的走向、安装标高、坡度、管道标高变化；各条立管上连接横支管的安装标高、支管与用水设备的连接高度；明确阀门、调压装置、报警装置、压力表、水表等的类型、规格及安装标高。

识读排水系统图时要重点掌握以下内容：

(1)查明排水管道的具体空间走向，管路分支情况，管道直径及其变化情况；弄清干管及横管的安装坡度，管道各部分标高，管道与排水设备的连接方法；存水弯的形式；排水立管上检查口的位置；清通设备的设置情况；通气管伸出屋面的高度及通气管口的封闭要求；管道的防腐、涂色要求；弯头及三通的选用等。识读排水管道系统图时，一般按排水设备的存水弯、器具排水管、横支管、立管、排出管的顺序进行。

(2)系统图上对各楼层标高都有注明，识读时可据此分清管路是属于哪一层的。

具体识读步骤如下：

(1)熟悉图纸目录，了解设计说明，在此基础上，将平面图与系统图联系对照识读。

(2)应按给水系统和排水系统分系统识读，在各自系统中应按编号依次识读。

建筑室内给水工程图管道由引入管、水表节点、室内配水干管、立管、支管、配水器具附件和增压稳压设备组成。室内排水管道由排水横管、排水立管排出管、通气管组成。

①给水系统根据管网系统编号，从给水引入管开始沿水流方向经干管、立管、支管直至用水设备。

②排水系统根据管网系统编号，从用水设备开始沿排水方向经支管、立管、排出管到室外检查井。

(3)在施工图中，对于常见的管道器材、设备等细部的位置、尺寸和构造要求往往是不加说明的，而是遵循专业设计规池、施工操作规程等标准进行施工的，读图时要了解其详细做法，需要参照有关标准图集和安装详图。

2.3.2.5　详图(大样图)的识读

在室内、外给水排水施工图中，无论是平面图、系统图，都只是显示了管道系统的布置情况，对于卫生器具、设备的安装，管道的连接、敷设，是在给水排水工程详图中表示。详图要求详尽、具体、明确，视图完整，尺寸齐全，材料规格注写清楚，并附必要的说明。

凡平面图、系统图中的构造因受图面比例影响而表达不完善或无法表达时，为使施工概预算及施工不出现失误，必须绘制施工详图。施工详图首先应采用标准图、通用施工样图，如卫生器具安装、排水检查井、阀门井、水表井、雨水检查井、局部污水处理构筑物等，均有各种施工标准图。

识读详图时，可参照以上有关平面图、系统图识读方法进行，但应注意将详图内容与平面图及系统图中的相关内容相互对照，建立系统整体形象。

给水工程施工详图主要有水表节点图、管道支架安装图等。排水工程施工详图主要有、卫生器具安装图、管道支架安装图等。

有的详图选用标准图和通用图时，还需查阅相应标准图和通用图。识读详图时，应重点掌握其所包括的设备、各部分的起止范围。

2.3.2.6　识读室内给水排水施工图举例

下面以某办公楼卫生间的给水排水施工图为例(图纸目录见表2-7)，介绍室内给排水平面图的识读(见图2-25~图2-37)。

表 2-7　**图 纸 目 录**

序号	图　　纸	
1	底层给排水平面图	图 2-25
2	七层给排水平面图	图 2-26
3	顶层给排水平面图	图 2-27
4	生活给水系统图	图 2-28
5	生活污水排水系统图	图 2-29
6	雨水系统图	图 2-30
7	消火栓给水系统图	图 2-31
8	底层卫生间平面图	图 2-32
9	底层卫生间给水系统图	图 2-33
10	底层卫生间排水系统图	图 2-34
11	标准层卫生间大样图	图 2-35
12	标准层卫生间给水系统图	图 2-36
13	标准层卫生间排水系统图	图 2-37

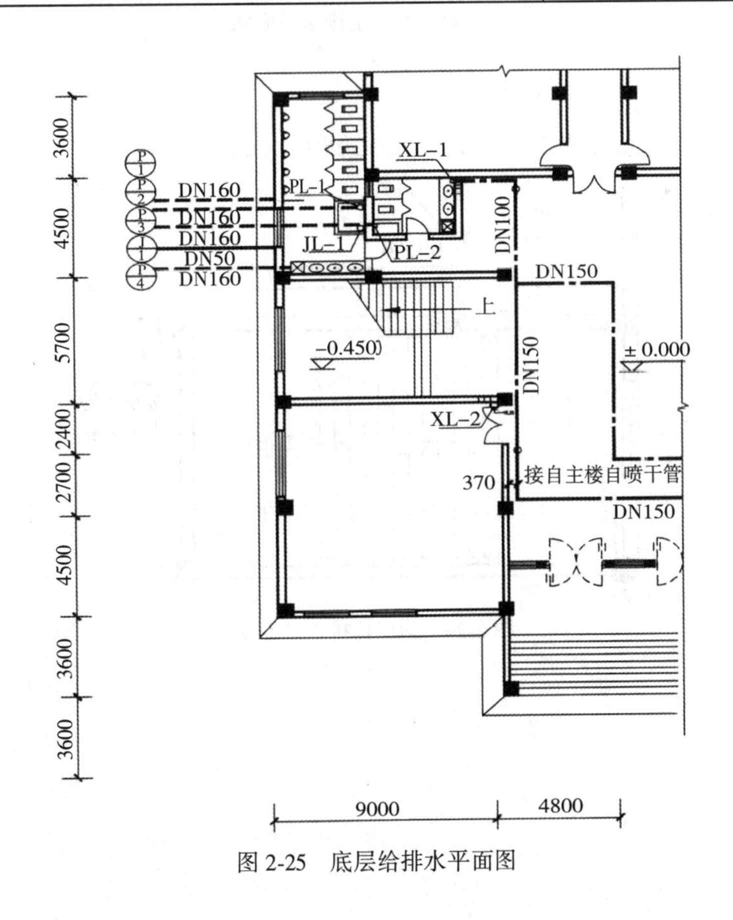

图 2-25　底层给排水平面图

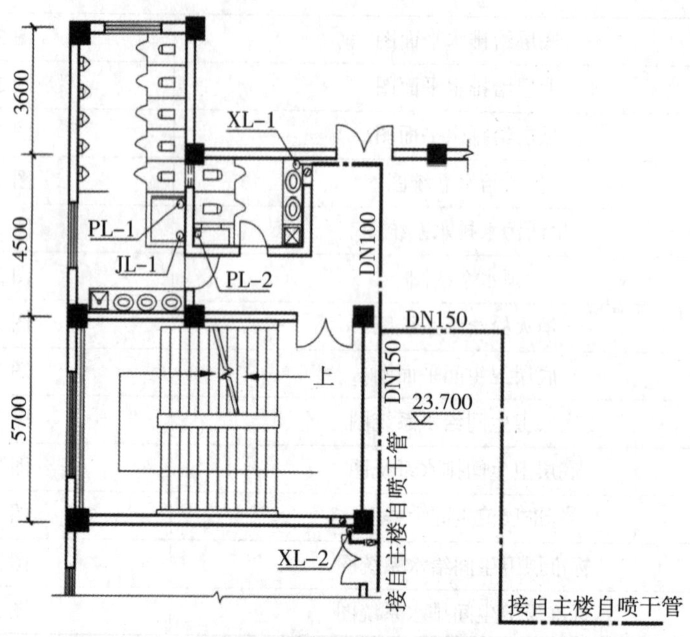

图 2-26 七层给排水平面图

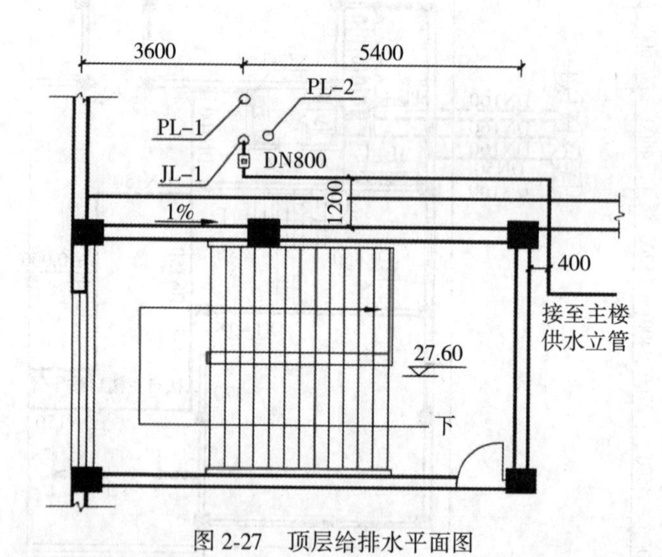

图 2-27 顶层给排水平面图

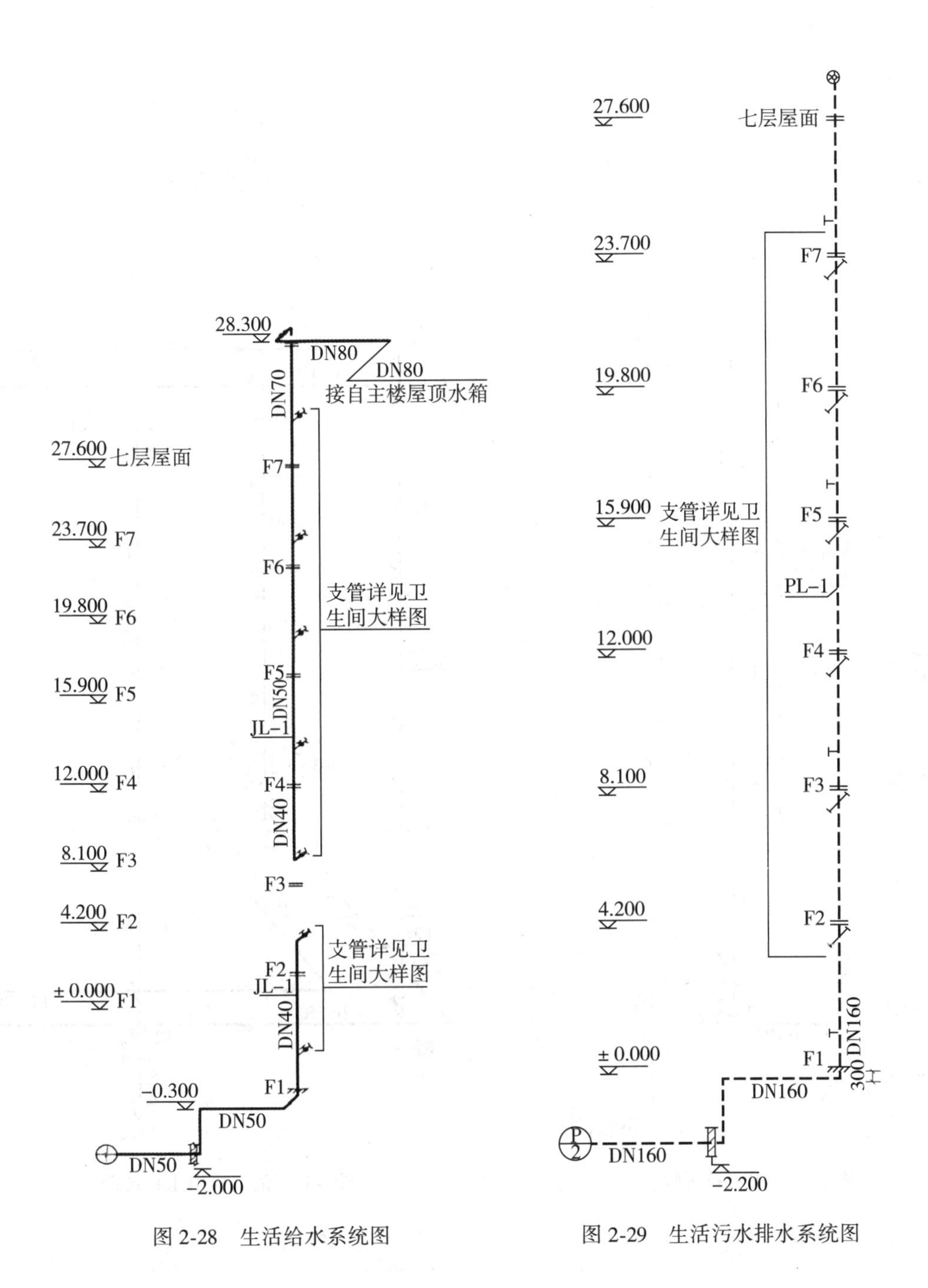

图 2-28　生活给水系统图

图 2-29　生活污水排水系统图

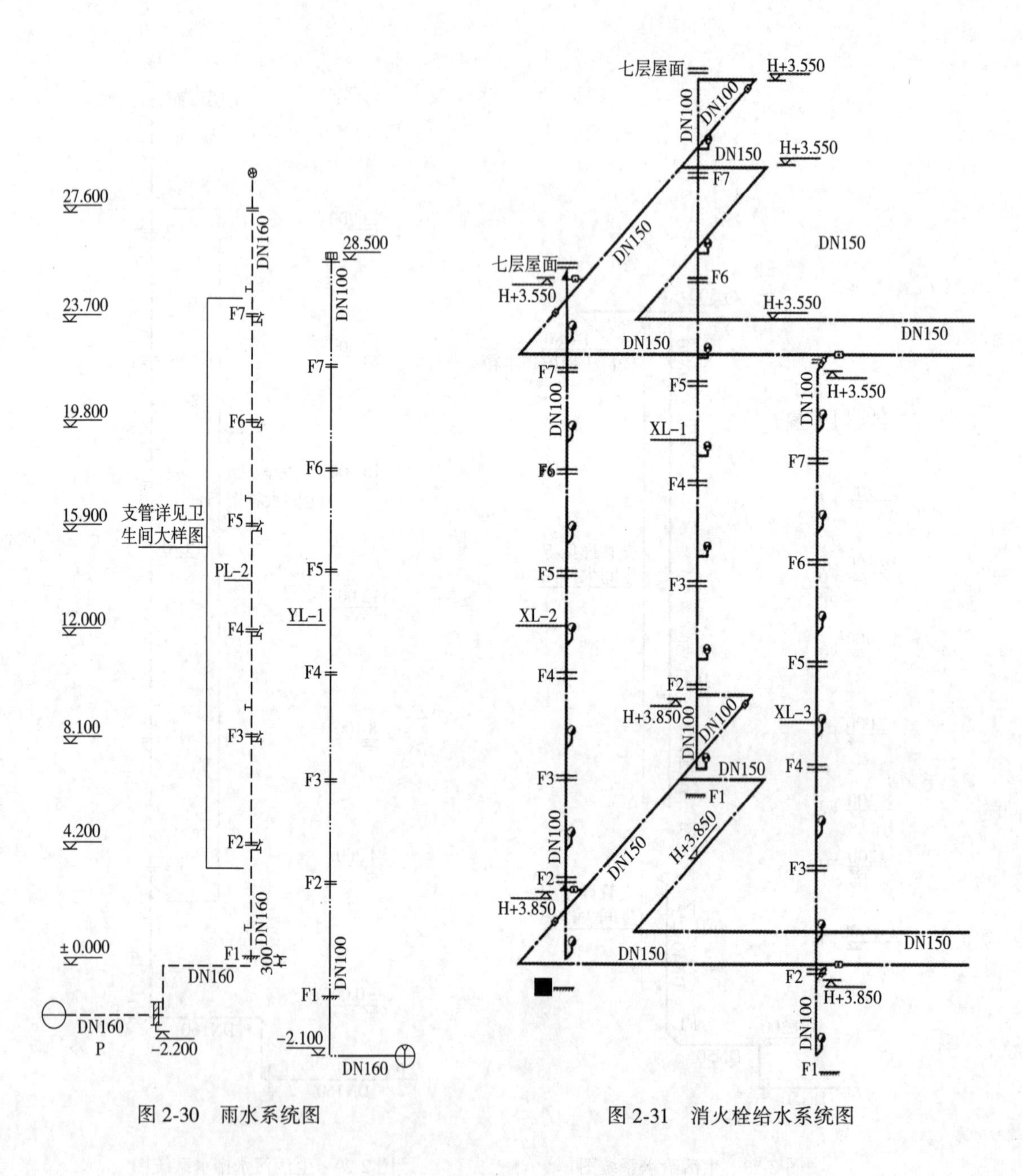

图 2-30　雨水系统图

图 2-31　消火栓给水系统图

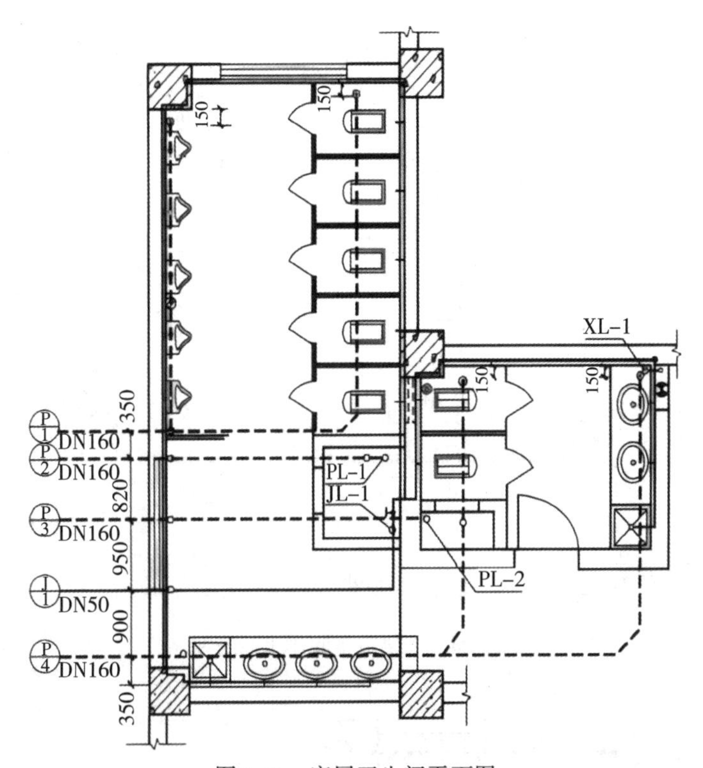

图 2-32　底层卫生间平面图

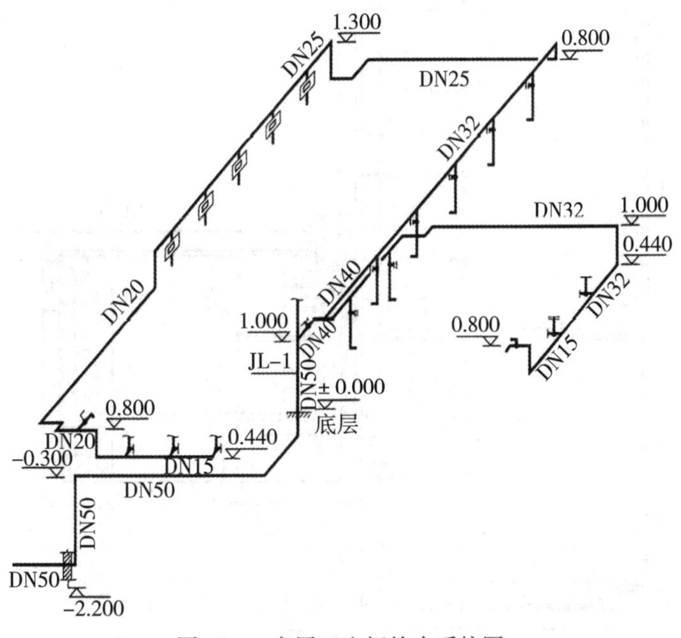

图 2-33　底层卫生间给水系统图

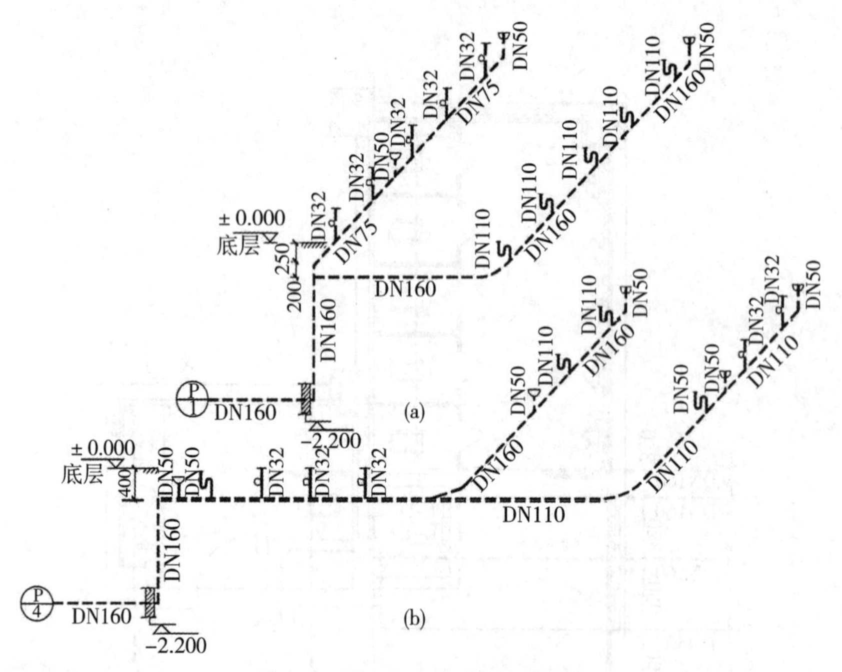

图2-34　底层卫生间排水系统图

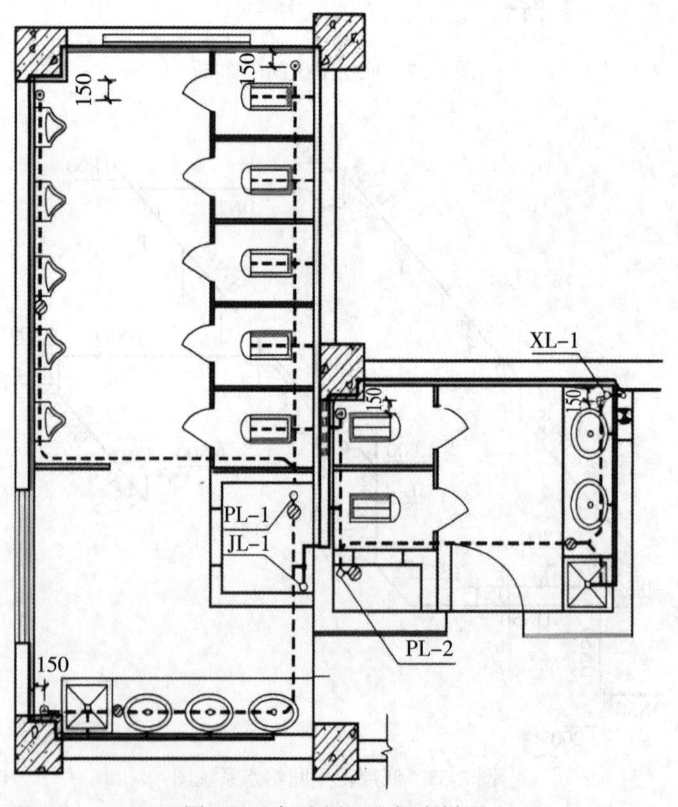

图2-35　标准层卫生间大样图

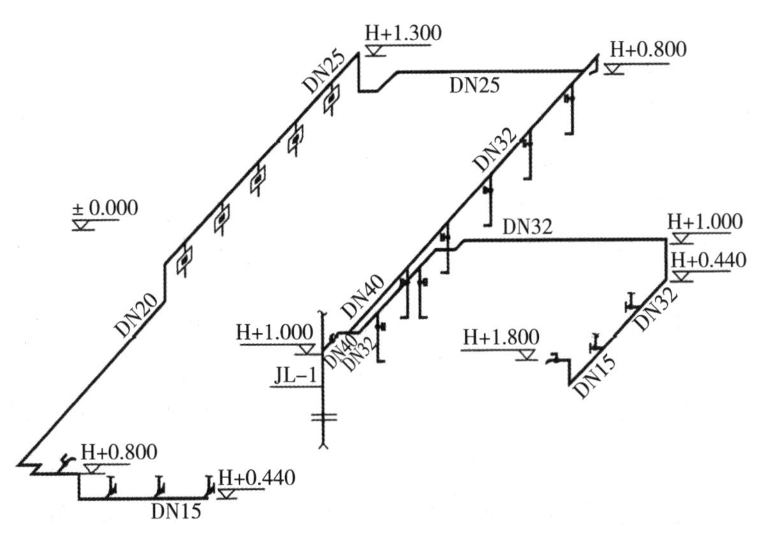

图 2-36　标准层卫生间给水系统图

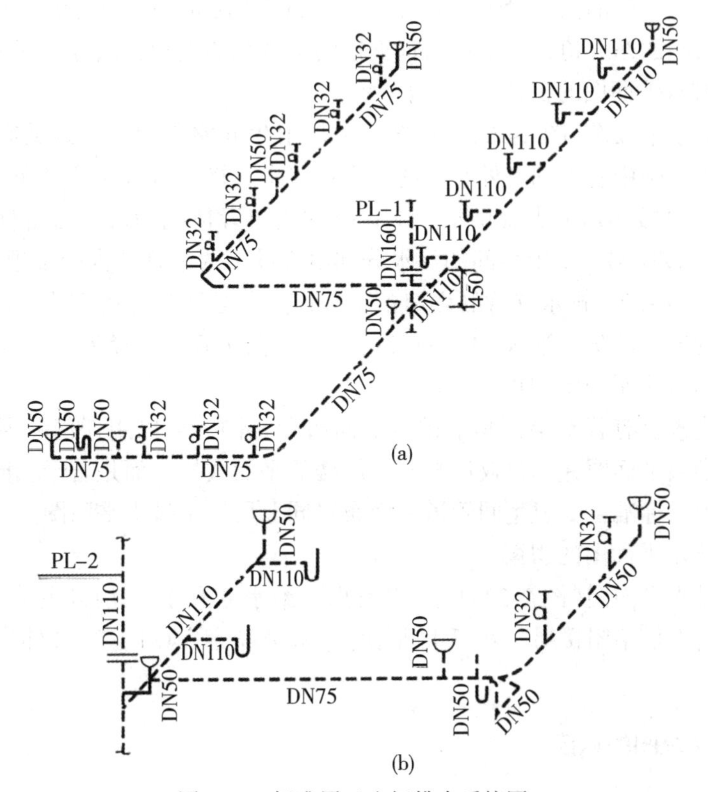

图 2-37　标准层卫生间排水系统图

1. 给排水平面图的识读

1) 底层给排水平面图的识读

建筑物的底层既是给水引入处，又是污水的排出处，所以识读底层给排水平面图时，除了识读反映与室内相关的内容(如给水进户管和污水排出管的平面布置、走向、定位尺寸、系统编号以及与建筑小区给排水管网的连接形式、管径、坡度等)外，还要识读反映与室内给排水相关的室外的有关内容(如底层给排水管道的平面布置、走向、连接形式、管径以及坡度等)。

从底层给排水平面图(图 2-25)上可以看出，底层设有男、女两个卫生间，男卫生间内设蹲式大便器 5 个、污水池 1 个、壁挂式小便器 5 个、洗脸盆 3 个，女卫生间内设蹲式大便器 2 个、污水池 1 个、洗脸盆 2 个。给水引入管从西侧垂直建筑外墙引入后进入管井，编号为$\frac{J}{1}$，管径为 50mm。从给水引入管上接出一根给水立管，敷设在管井内，编号为 JL-1。管井内还布置有 2 根排水立管，编号分别为 PL-1 和 PL-2。底层布置有 4 根排出管，均从建筑的西侧引出，编号分别为$\frac{P}{1}$$\frac{P}{2}$$\frac{P}{3}$$\frac{P}{4}$，管径为 160mm。从图上还可以看到接自主楼自喷干管的消防管道，管径为 150mm 和 100mm，分别在女卫生间东北角和靠近楼梯同的房间的东北角，向上接出消火栓给水系统的立管，编号分别为XL-1和XL-2。

2) 七层给排水平面图的识读

从七层给排水平面图(图 2-26)中可知，七层卫生间室内卫生设施的布置情况与底层相同。在七层平面图中看不到室外水源的引入点，水直接由给水立管引到本层，由给水立管 JL-1(在管井内)接出水平支管供水。支管的详细布置情况和尺寸参看标准层卫生间大样图(图 2-35)。该层男、女卫生间的污水分别由敷设在两个管井内的 2 根排水立管收集，其编号为 PL-1 和 PL-2。排水支管的详细布置参看标准层卫生间大样图(图 2-35)。接自主楼自喷干管的管道与消防立管 XL-1、XL-2 连接，消防干管的管径为 150mm 和 100mm。

3) 标准层给排水平面图的识读

标准层是指楼上有若干层，其给排水平面布置相同，可以用任何一层的平面图来表示。因此，标准层平面图并不仅仅反映某一层楼的平面式样，而是若干相同平面布置的楼层给排水平面图。标准层的卫生间管道平面布置同七层给水排水平面图。

4) 顶层给排水平面图的识读

从顶层给排水平面图(图 2-27)中可以看出，给水立管 JL-1 接自主楼供水管(管径为 80mm)，由上自下供给附楼男、女卫生间用水。排水立管 PL-1、PL-2 伸出层面，是伸顶的通气管。

2. 给排水系统图的识读

1) 给水系统图的识读

为了弄清给排水管道的总体布置，需识读给排水系统图。识读室内给水系统图时，应先整体识读，然后对部分管路进行识读。

该建筑的生活给水系统图(图 2-28)的给水立管编号为 JL-1，与给排水平面图中的系

统编号相对应，表示该附楼仅有一个给水系统。图中给出了各楼层的标高线(图中两条细横线表示楼层的地面，该建筑共有 7 层)，表示出了接自主楼屋顶水箱的供水干管与给水管道的关系。由本系统图可知，一层、二层卫生间的用水由外管网直接供给，三层以上卫生间的用水由主楼的屋顶水箱供给。由此可见，该楼属于下层由外管网供给、上层由屋顶水箱供给的分区给水系统。$\frac{J}{1}$引入管(管径为 50mm)从外管网穿墙引入该建筑后，设弯头向上、向右(管径为 50mm，标高为-0.3m)、向后，再设弯头向上接出给水立管 JL-1，立管的管径为 40mm，接自主楼屋顶水箱的水平干管在七层接入给水立管 JL-1，水平干管的管径为 80mm，给水立管的管径由上至下为 70mm、50mm 和 40mm。各层分别在本层从给水立管 JL-1 上接出横支管，供给本楼层卫生同的用水。给水支管位置详见卫生间大样图(图 2-32、图 2-35)。

2)排水系统图的识读

从生活污水排水系统图(图 2-29)中可以看出，在 PL-1、PL-2 排水系统图中，除底层卫生间内卫生设备的污水单独排出外(详见图 2-34)，其余楼层卫生间内卫生器具的污水均通过排水横支管排到立管中集中排放。首先看排水立管，图中排水立管管径为 160mm，直到七层，七层以上出屋面部分的通气管管径为 160mm，且通气管上设有通气帽。为了便于清通管道，在排水立管的一层、三层、五层、七层位置均设有检查口。排水立管 PL-1、PL-2 在底层地板下 300mm 处向左、向下分别接出 2 根排出$\frac{P}{2}$$\frac{P}{3}$管，2 根排出管的管径均为 160mm，埋深为 2200mm。其次，来看楼层的排水支管。排水立管 PL-1 在前后两个方向上接入 2 根排水支管，在排水立管 PL-2 的后方和右方两个方向上接入 2 根排水支管。

3)雨水系统图的识读

图 2-30 为该楼的一根雨水立管 YL-1 的系统图。屋顶的雨水是雨水口收集后经由雨水立管 YL-1 和雨水排出管$\frac{Y}{1}$排出。雨水立管的管径为 100mm，雨水排出管的管径为 160mm。

4)消火栓给水系统图的识读

图 2-31 为消火栓给水系统图。从图中可以看到，该楼消火栓给水系统共设有 3 根消防立管，其编号分别为 XL-1、XL-2 和 XL-3，管径为 100mm，均从一层的水平消防干管上接出，在接出起始端均设置阀门。干管的管径为 150mm，安装高度在一层地面以上 3.85m 处。一层消火栓的用水由上向下供给。为了保证发生火灾时供水的可靠性，同时在顶层接自主楼消防加压稳压装置的水平消防干管与消防立管 XL-1、XL-2 和 XL-3 相接，管径为 150mm，安装在距地面 3.55m 高度处。各层消火栓的用水分别在本层从立管上接出。立管 XL-1 上设置的是双出口消火栓，立管 XL-2、XL-3 上设置的是单出口消火栓。

3. 详图(大样图)的识读

为了弄清卫生间管道的细部尺寸和布置情况，还需阅读详图(大样图)。

1)底层卫生间大样图的识读

从底层卫生间平面图(图 2-32)、底层卫生间给水系统图(图 2-33)和底层卫生间排水

系统图(图 2-34)上可以看出，男卫生间内还设有 2 个清扫口和 3 个地漏，女卫生间内还设有 2 个清扫口和两个地漏。清扫口均安装在排水横支管的起端，距墙 150mm。当埋入地下的管道较长时，为了便于管道的疏通，常在管道的起始端设弧形管道通向地面，在地表上设清扫口。正常情况下，清扫口是封闭的，在发生横支管堵塞时可以打开清扫口进行清通。

引入管$\frac{J}{1}$进入室内后，沿内墙壁向上、向右、向后进入管井，在管井向上接出给水立管 JL-1。引入管的管径为 50mm。在距底层地坪 1m 处，立管上接有一个管径为 40mm 的等径三通，引出底层的供水横支管。其管径为 40mm，支管起端设置阀门。该支管转向右后分出两路水平支管。一路支管沿男卫生间四周墙壁供给男卫生间内各卫生器具用水，管径分别为 40mm、32mm、25mm、20mm 和 15mm，管道均为暗装。先接 5 个蹲便器冲洗水管，采用延时自闭冲洗阀冲洗，然后接弯头向下、向左、向前、向左、向上、又向前，在距底层地坪 1. 3m 处接 5 个壁挂式小便器冲洗水管。支管继续延续，下沉后向前、向右、向前、向右拐弯，在距底层地坪 0. 8m 处接出一个污水池水龙头，再下沉后向右拐弯，在距底层地坪 0. 44m 处接出 3 个水龙头给洗脸盆供水，该供水横支管到此结束。另一路支管沿女卫生间四周墙壁供给女卫生间内各卫生器具用水，管径为 32mm 和 15mm，管道均为暗装。先接 2 个蹲便器冲洗水管，采用延时自闭冲洗阀冲洗，然后弯头向右、向后，又向右延伸后下沉，在距底层地坪 0. 44mm 处向前接出 2 个水龙头给洗脸盆供水，然后向上在距底层地坪 0. 8m 处接出 1 个污水池水龙头。该供水横支管到此结束。

从底层卫生间平面图(图 2-32)上可以看出，管井内排水立管 PL-1 承接来自二楼以上各楼层男卫生间的污水，并由管径为 160mm 的排出管$\frac{P}{2}$排到室外；另一管井内排水立管 PL-2 承接来自二楼以上各楼层女卫生间的污水，并由管径为 160mm 的排出管$\frac{P}{3}$排至室外，底层污水则分别由管径为 160mm 的排出管$\frac{P}{1}$$\frac{P}{4}$单独排出。男卫生间内 5 个小便器(管径为 32mm)、1 个清扫口(管径为 50mm)和 1 个地漏(管径为 50mm)的污水由一根排水横支管收集，该横支管的管径为 75mm。男卫生间内 5 个蹲便器(图中为 5 个存水弯，管径为 110mm)和另一个清扫口(管径为 50mm)的污水由另一根排水横支管收集，该横支管管径为 160mm。这两根排水横支管收集的污水均由排出管承接并排至室外。连接各卫生器具的器具排水支管的管径详见图 2-30(a)，女卫生间内 1 个清扫口、2 个洗脸盆、1 个地漏和 1 个污水池的污水由一根排水横支管收集，女卫生间内另一个清扫口，2 个蹲便器和另一个地漏的污水由另一根排水横支管收集，这两根排水横支管汇合后向左拐弯，又承接了男卫生间内 3 个洗脸盆、1 个污水池和 1 个地漏的污水，经排出管排至室外。连接各卫生器具的排水支管的管径详见图 2-30。

2)标准层卫生间大样图的识读

从标准层卫生间大样图(图 2-35)、标准层卫生间给水系统图(图 2-36)和标准层卫生间排水系统图(图 2-37)上可以看出，标准层卫生间内给水管道的布置与底层基本相同，只是标准层看不到给水引入管，只能看到给水立管 JL-1 的平面，标准层的用水接自给水立管。标准层卫生间内排水管道的布置则与底层不同。排水横支管以立管为界两侧各设一

路，用四通与立管连接，并且接入口均设在楼面下方。男卫生间内 1 个清扫口和 5 个蹲便器的污水由一根排水横支管收集，管径为 50mm 和 110mm，男卫生间内另 1 个清扫口、5 个小便器和 1 个地漏的污水由另一根排水横支管收集，管径为 50mm 和 75mm。这两根排水横支管汇合后向前接入排水立管 PL-1。男卫生间内 1 个清扫口、1 个污水池、2 个地漏和 3 个洗脸盆的污水由一根排水横支管收集，管径为 75mm，同样接入排水立管 PL-1。女卫生间 1 个清扫口、2 个洗脸盆、1 个污水池和 1 个地漏的污水由一根排水横支管收集，女卫生间内另 1 个清扫口和 2 个蹲便器的污水由另一根排水横支管收集。这两根排水横支管汇合后向前接入排水立管 PL-2，同时接入 1 个地漏的污水。

项目3 消防给水排水工程安装

◎ **知识目标**：认识消防给水排水设施的组成和区别，了解消防给水排水系统安装的流程，掌握消防给水系统附件的安装调试方法，掌握消火栓系统分类及安装调试方法。

◎ **能力目标**：能够正确选用消防给水系统附件、消火栓等设备并进行安装。

◎ **素质目标**：培养学生协同合作的团队精神，以及严谨细致的工作作风。

◎ **思政目标**：培养学生安全意识；注重培养施工过程中的法制责任意识；确保学生遵守国家法律法规和行业标准。

任务3.1 消防给水设备安装

消防给水系统由消防水源、供水设施、消防供水管道、控制阀门等组成，是火灾时向各类水灭火系统、防护冷却系统、防火分隔系统和消防车或其他移动式装备供水的基础设施。

3.1.1 设计交底

技术交底是设计人员向施工单位交代设计意图的行之有效的方法。施工人员在设计交底时，应尽可能多地了解设计意图，明确工程所采用的设备和材料以及对工程要求的程度。

(1)技术交底使用的施工图必须是经过图纸会审和设计修改后的正式施工图，满足设计要求。

(2)施工技术交底应依据国家现行施工规范强制性标准，现行国家验收规范及工艺标准，国家已批准的新材料、新工艺进行交底，满足客户的需求。

(3)技术交底所执行的施工组织设计必须是经过公司有关部门批准了的正式施工组织设计或施工方案。

(4)施工交底时，应结合本工程的实际情况有针对性地进行，把有关规范、验收标准的具体要求贯彻到施工图中去，做到具体、细致，有必要时还应标出具体数据，以控制施工质量，对重要组件或设备的施工进行书面和会议交底两者结合，并做出书面交底。施工人员应该清楚所施工工程的给水系统组成，给水设施设备的安装位置、高度、容量，电气线路的设置，配电线路的走向，管道敷设的方式，设备占地面积，各层平面图与配电系统图的呼应，综合布线的布局走向等。同时，还要对土建和其他专业的图样有所了解，避免与其他专业交叉。

好的施工技术交底应达到施工标准与验收规范，工艺要求细化到施工图中，充分体现施工交底的意图，使施工人员依据技术交底合理安排施工，以便施工质量达到验收标准。

设计交底的流程：设计单位介绍设计意图、结构特点、施工内容、施工工艺、技术措施及有关注意事项→施工单位提出图纸中存在的问题和疑点、技术难题→多方（建设方、设计方、施工方、监理方、检测方等）研究和商讨存在问题的解决办法→监理方整理形成会议纪要，交付多方参与人员签字确认。

消防给水及消火栓系统施工前应具备下列条件：

(1)施工图应经国家相关机构审查审核批准或备案后再施工；

(2)平面图、系统图（展开系统原理图）、详图等图纸及说明书、设备表、材料表等技术文件应齐全；

(3)设计单位应向施工、建设、监理单位进行技术交底；

(4)系统主要设备、组件、管材管件及其他设备、材料，应能保证正常施工；

(5)施工现场及施工中使用的水、电、气应满足施工要求。

3.1.2　工艺流程

消防给水排水中各系统的主要工艺流程如下：

消火栓系统施工工艺流程：安装准备→立管安装→配水管安装→水泵安装→水泵接合器安装→水压试验→管道冲洗→装消火栓箱→严密性试验→管道油漆→管道局部保温→消防检测、验收。

室内消火栓箱安装工艺流程：箱、栓检查→洞口清理→固定箱体→找平找正→支管甩口→安装消火栓→安装水带、消防卷盘等→箱门安装。

自动喷淋系统施工工艺流程：安装准备→干管安装→报警阀安装→立管安装→喷洒分层干支管→水流指示器→消防水泵、高位水箱、水泵接合器安装→管道试压→管道冲洗→喷洒头支管安装（系统综合试压及冲洗）→节流装置安装→报警阀配件、喷洒头安装→系统通水试调。

3.1.3　设备要求

3.1.3.1　消防水池

为保证消防给水系统和水灭火系统在扑救火灾时有足够的水量并确保可靠用水，消防水池应储存火灾延续时间内所需的全部消防用水量。合理规划、布置消防水池，对保障建筑安全、减少或者带来的损失具有举足轻重的作用。

消防水池应符合下列规定：

(1)消防水池的有效容积应满足设计持续供水时间内的消防用水量要求，当消防水池采用两路消防供水且在火灾中连续补水能满足消防用水量要求时，在仅设置室内消火栓系统的情况下，有效容积应大于或等于 $50m^3$，其他情况下应大于或等于 $100m^3$。

(2)消防用水与其他用水共用的水池，应采取保证水池中的消防用水量不作他用的技术措施。

(3)消防水池的出水管应保证消防水池有效容积内的水能被全部利用，水池的最低有效水位或消防水泵吸水口的淹没深度应满足消防水泵在最低水位运行安全和实现设计出水量的要求。

(4)消防水池的水位应能就地和在消防控制室显示，消防水池应设置高低水位报警装置。

(5)消防水池应设置溢流水管和排水设施，并应采用间接排水。

(6)消防水池的总蓄水有效容积大于 $500m^3$ 时，宜设两格能独立使用的消防水池；当大于 $1000m^3$ 时，应设置能独立使用的两座消防水池。每格(或座)消防水池应设置独立的出水管，并应设置满足最低有效水位的连通管，且其管径应能满足消防给水设计流量的要求。

如图3-1、图3-2所示为消防水池及设置示意图。

图3-1　消防水池

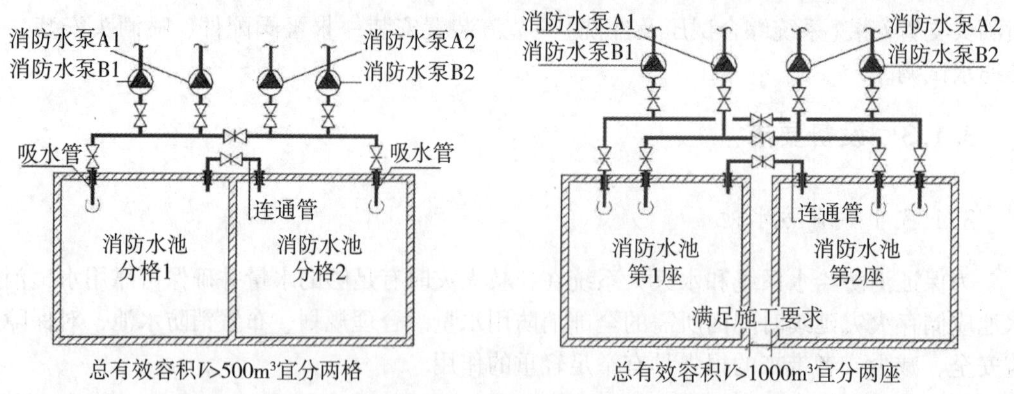

图3-2　消防水池设置

高层民用建筑高压消防给水系统的高位消防水池总有效容积大于 $200m^3$ 时，宜设置蓄水有效容积相等且可独立使用的两格；当建筑高度大于100m时，应设置独立的两座。每格(或座)应有一条独立的出水管向消防给水系统供水。

3.1.3.2　消防水泵

消防水泵是在火灾延续时间内向消防给水系统和水灭火系统提供所需流量和压力的关键设备。

消防水泵应符合下列规定：

(1)消防水泵宜根据可靠性、安装场所、消防水源、消防给水设计流量和扬程等综合因素确定水泵的型式，水泵驱动器宜采用电动机或柴油机直接传动，消防水泵不应采用双电动机或基于柴油机等组成的双动力驱动水泵。

(2)消防水泵机组应由水泵、驱动器和专用控制柜等组成；一组消防水泵可由同一消防给水系统的工作泵和备用泵组成。

(3)当消防水泵采用离心泵时，泵的型式宜根据流量、扬程、气蚀余量、功率和效率、转速、噪声，以及安装场所的环境要求等因素综合确定。

(4)消防水泵的选择和应用应符合下列规定：

①消防水泵的性能应满足消防给水系统所需流量和压力的要求；

②消防水泵所配驱动器的功率应满足所选水泵流量扬程性能曲线上任何一点运行所需功率的要求；

③当采用电动机驱动的消防水泵时，应选择电动机干式安装的消防水泵。

(5)离心式消防水泵吸水管、出水管和阀门等，应符合下列规定：

①一组消防水泵，吸水管不应少于两条，当其中一条损坏或检修时，其余吸水管应仍能通过全部消防给水设计流量；

②消防水泵吸水管布置应避免形成气囊；

③一组消防水泵应设不少于两条的输水干管与消防给水环状管网连接，当其中一条输水管检修时，其余输水管应仍能供应全部消防给水设计流量；

④消防水泵吸水口的淹没深度应满足消防水泵在最低水位运行安全的要求，吸水管喇叭口在消防水池最低有效水位下的淹没深度应根据吸水管喇叭口的水流速度和水力条件确定，但不应小于600mm，当采用旋流防止器时，淹没深度不应小于200mm；

⑤消防水泵的吸水管上应设置明杆闸阀或带自锁装置的蝶阀，但当设置暗杆阀门时，应设有开启刻度和标志；当管径超过300mm时，宜设置电动阀门(图3-3)；

⑥消防水泵的出水管上应设止回阀、明杆闸阀；当采用蝶阀时，应带有自锁装置；当管径大于300mm时，宜设置电动阀门；

⑦消防水泵吸水管的直径小于DN250时，其流速宜为1～1.2m/s；直径大于DN250时，宜为1.2～1.6m/s；

⑧消防水泵出水管的直径小于DN250时，其流速宜为1.5～2m/s；直径大于DN250时，宜为2～2.5m/s；

⑨吸水井的布置应满足井内水流顺畅、流速均匀、不产生涡漩的要求，并应便于安装施工；

⑩消防水泵的吸水管、出水管道穿越外墙时，应采用防水套管；当穿越墙体和楼板时，应加设套管，套管长度不应小于墙体厚度，或应高出楼面或地面50mm；套管与管道

的间隙应采用不燃材料填塞，管道的接口不应位于套管内；

⑪消防水泵的吸水管穿越消防水池时，应采用柔性套管；采用刚性防水套管时应在水泵吸水管上设置柔性接头，且管径不应大于DN150。

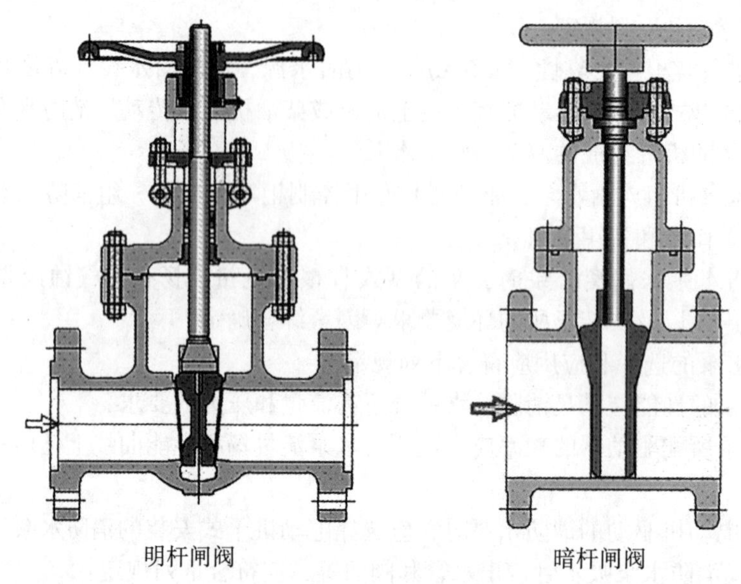

图3-3　明杆闸阀和暗杆闸阀

(6)消防水泵吸水管和出水管上应设置压力表，并应符合下列规定：

①消防水泵出水管压力表的最大量程不应低于其设计工作压力的2倍，且不应低于1.6MPa；

②消防水泵吸水管宜设置真空表、压力表或真空压力表，压力表的最大量程应根据工程具体情况确定，但不应低于0.7MPa，真空表的最大量程宜为-0.1MPa；

③压力表的直径不应小于100mm，应采用直径不小于6mm的管道与消防水泵进出口管相接，并应设置关断阀门。

3.1.3.3　高位消防水箱

高位消防水箱具有在准工作状态时为消防给水系统和水灭火系统稳压、在发生火灾时提供初期消防用水量的双重作用，是保障水灭火系统扑救建筑初起火灾的重要设施。如图3-4所示。

高位消防水箱应符合下列规定：

(1)室内临时高压消防给水系统的高位消防水箱有效容积和压力应能保证初期灭火所需水量。

(2)屋顶露天高位消防水箱的人孔和进出水管的阀门等应采取防止被随意关闭的保护措施。

(3)设置高位水箱间时，水箱间内的环境温度或水温不应低于5℃。

图 3-4　高位消防水箱

(4)高位消防水箱的最低有效水位应能防止出水管进气。

(5)高位消防水箱应设置通气管；其通气管、呼吸管和溢流水管等应采取防止虫鼠等进入消防水箱的技术措施。

(6)高位消防水箱外壁与建筑本体结构墙面或其他池壁之间的净距，应满足施工或装配的需要，无管道的侧面，净距不宜小于 0.7m；安装有管道的侧面，净距不宜小于 1.0m，且管道外壁与建筑本体墙面之间的通道宽度不宜小于 0.6m，设有人孔的水箱顶，其顶面与其上面的建筑物本体板底的净空不应小于 0.8m。

(7)进水管的管径应满足消防水箱 8h 充满水的要求，但管径不应小于 DN32，进水管宜设置液位阀或浮球阀。

(8)进水管应在溢流水位以上接入，进水管口的最低点高出溢流边缘的高度应等于进水管管径，但最小不应小于 100mm，最大不应大于 150mm。

(9)当进水管为淹没出流时，应在进水管上设置防止倒流的措施或在管道上设置虹吸破坏孔和真空破坏器，虹吸破坏孔的孔径不宜小于管径的 1/5，且不应小于 25mm。但当采用生活给水系统补水时，进水管不应淹没出流。

(10)溢流管的直径不应小于进水管直径的 2 倍，且不应小于 DN100，溢流管的喇叭口直径不应小于溢流管直径的 1.5~2.5 倍。

(11)高位消防水箱出水管管径应满足消防给水设计流量的出水要求，且不应小于 DN100。

(12)高位消防水箱出水管应位于高位消防水箱最低水位以下，并应设置防止消防用水进入高位消防水箱的止回阀。

(13)高位消防水箱的进、出水管应设置带有指示启闭装置的阀门。

3.1.3.4　水泵接合器

水泵接合器是消防方面配合水泵使用的设备，当发生火灾时，消防车的水泵可迅速方便地通过接合器的接口与建筑物内的消防设备相连接，并送水加压。其设置的目的是便于消防队员现场扑救火灾时能充分利用建筑物内已经建成的水消防设施，一是可以充分利用建筑物内的自动水灭火设施，提高灭火效率，减少不必要的消防队员体力消耗；二是不必敷设水龙带，利用室内消火栓管网输送消火栓灭火用水，可以节省大量的时间，同时还可以减少水力阻力，提高输水效率，提高灭火效率；三是在北方寒冷地区冬季，可有效减少消防车供水结冰的可能性。消防水泵接合器是水灭火系统的第三供水水源。

水泵接合器按安装形式一般分为：地上式、地下式、墙壁式和多用式。如图3-5所示。

(a)地上式水泵接合器　(b)地下式水泵接合器

(c)墙壁式水泵接合器　(d)多功能型水泵接合器

图3-5　消防水泵接合器

水泵接合器应符合下列规定：

(1)组装式安装，应按接口—本体—连接管—止回阀—安全阀—放空管—控制阀的顺序进行。

(2)消防水泵接合器的给水流量宜按每个 10~15L/s 计算。每种水灭火系统的消防水泵接合器设置的数量应按系统设计流量经计算确定，但当计算数量超过 3 个时，可根据供水可靠性适当减少。

(3)临时高压消防给水系统向多栋建筑供水时，消防水泵接合器应在每座建筑附近就近设置。

(4)消防水泵接合器的供水范围，应根据当地消防车的供水流量和压力确定。

(5)消防给水为竖向分区供水时，在消防车供水压力范围内的分区，应分别设置水泵接合器；当建筑高度超过消防车供水高度时，消防给水应在设备层等方便操作的地点设置手抬泵或移动泵接力供水的吸水口和加压接口。

(6)水泵接合器应设在室外便于消防车使用的地点，且距室外消火栓或消防水池的距离不宜小于 15m，并不宜大于 40m。

(7)墙壁消防水泵接合器的安装高度距地面宜为 0.7m；与墙面上的门、窗、孔、洞的净距离不应小于 2m，且不应安装在玻璃幕墙下方；地下消防水泵接合器的安装，应使进水口与井盖底面的距离不大于 0.4m，且不应小于井盖的半径。

(8)水泵接合器处应设置永久性标志铭牌，并应标明供水系统、供水范围和额定压力。

3.1.3.5　稳压设施

稳压泵是临时高压消防给水系统中维持系统压力的主要组件，主要用于监测消防给水系统管网严密性和工作状态，防止消防水泵频繁启动。

稳压泵应符合下列规定：

(1)稳压泵宜采用离心泵，宜采用单吸单级或单吸多级离心泵；泵外壳和叶轮等主要部件的材质宜采用不锈钢。

(2)稳压泵的公称流量不应小于消防给水系统管网的正常泄漏量，且应小于系统自动启动流量，公称压力应满足系统自动启动和管网充满水的要求。

(3)消防给水系统管网的正常泄漏量应根据管道材质、接口形式等确定，当没有管网泄漏量数据时，稳压泵的设计流量宜按消防给水设计流量的 1%~3%计，且不宜小于 1L/s；

(4)消防给水系统所采用报警阀压力开关等自动启动流量应根据产品确定。

(5)稳压泵的设计压力应保持系统自动启泵压力设置点处的压力在准工作状态时大于系统设置自动启泵压力值，且增加值宜为 0.07~0.1MPa；

(6)稳压泵的设计压力应保持系统最不利点处水灭火设施在准工作状态时的静水压力应大于 0.15MPa。

(7)设置稳压泵的临时高压消防给水系统应设置防止稳压泵频繁启停的技术措施，当采用气压水罐时，其调节容积应根据稳压泵启泵次数不大于 15 次/h 计算确定，但有效储水容积不宜小于 150L。

(8)稳压泵吸水管应设置明杆闸阀，稳压泵出水管应设置消声止回阀和明杆闸阀。

(9)稳压泵应设置备用泵。

3.1.3.6　市政消火栓

市政消火栓是城乡消防水源的供水点，除提供其保护范围内灭火用的消防水源外，还要担负消防车加压接力供水对其保护范围外的火灾扑救提供水源支持。

市政消火栓应符合下列规定：

(1)市政消火栓宜采用地上式室外消火栓；在严寒、寒冷等冬季结冰地区宜采用干式地上式室外消火栓，严寒地区宜增设消防水鹤。当采用地下式室外消火栓，地下消火栓井的直径不宜小于1.5m，且当地下式室外消火栓的取水口在冰冻线以上时，应采取保温措施。

(2)市政消火栓宜采用直径DN150的室外消火栓，并应符合下列要求：

①室外地上式消火栓应有一个直径为150mm或100mm和两个直径为65mm的栓口；

②室外地下式消火栓应有直径为100mm和65mm的栓口各一个。

(3)市政消火栓宜在道路的一侧设置，并宜靠近十字路口，但当市政道路宽度超过60m时，应在道路的两侧交叉错落设置市政消火栓。

(4)市政桥桥头和城市交通隧道出入口等市政公用设施处，应设置市政消火栓。

(5)市政消火栓的保护半径不应超过150m，间距不应大于120m。

(6)市政消火栓应布置在消防车易于接近的人行道和绿地等地点，且不应妨碍交通，并应符合下列规定：

①市政消火栓距路边不宜小于0.5m，并不应大于2m；

②市政消火栓距建筑外墙或外墙边缘不宜小于5m；

③市政消火栓应避免设置在机械易撞击的地点，确有困难时，应采取防撞措施。

(7)严寒地区在城市主要干道上设置消防水鹤的布置间距宜为1000m，连接消防水鹤的市政给水管的管径不宜小于DN200。如图3-6所示。

图3-6　消防水鹤

(8)火灾时消防水鹤的出流量不宜低于 30L/s，且供水压力从地面算起不应小于 0.10MPa。

(9)地下式市政消火栓应有明显的永久性标志。

3.1.3.7　室外消火栓

室外消火栓是供消防车使用的，其用水量应是每辆消防车的用水量。室外消火栓也可以直接连接水带水枪灭火。

室外消火栓分为地上式消火栓和地下式消火栓两类。如图 3-7 所示。

(a)地上式室外消火栓

(b)地下式室外消火栓

图 3-7　室外消火栓

室外消火栓应符合下列规定：

(1)建筑室外消火栓的布置数量应根据室外消火栓设计流量、保护半径和每个室外消火栓的给水量经计算确定。保护半径不应大于 150m，每个室外消火栓的出流量宜按 10~15L/s 计算。室外消火栓宜沿建筑周围均匀布置，且不宜集中布置在建筑一侧；建筑消防扑救面一侧的室外消火栓数量不宜少于 2 个。

(2)人防工程、地下工程等建筑应在出入口附近设置室外消火栓，且距出入口的距离不宜小于 5m，并不宜大于 40m。停车场的室外消火栓宜沿停车场周边设置，且与最近一排汽车的距离不宜小于 7m，距加油站或油库不宜小于 15m。甲、乙、丙类液体储罐区和液化烃罐罐区等构筑物的室外消火栓，应设在防火堤或防护墙外，数量应根据每个罐的设计流量经计算确定，但距罐壁 15m 范围内的消火栓，不应计算在该罐可使用的数量内。

(3)工艺装置区等采用高压或临时高压消防给水系统的场所，其周围应设置室外消火栓，数量应根据设计流量经计算确定，且间距不应大于60m。当工艺装置区宽度大于120m时，宜在该装置区内的路边设置室外消火栓。

3.1.3.8　室内消火栓

室内消火栓主要由水枪、水带、消火栓口(分单栓口和双栓口)、阀门、消火栓按钮、消防软管卷盘、消火栓箱等组成(图3-8、图3-9)。

室内消火栓应符合下列要求：

(1)应采用DN65室内消火栓，并可与消防软管卷盘或轻便水龙设置在同一箱体内。

(2)应配置DN65有内衬里的消防水带，长度不宜超过25m；消防软管卷盘应配置内径不小于ϕ19的消防软管，其长度宜为30m；轻便水龙应配置DN25有内衬里的消防水带，长度宜为30m。

图3-8　室内消火栓

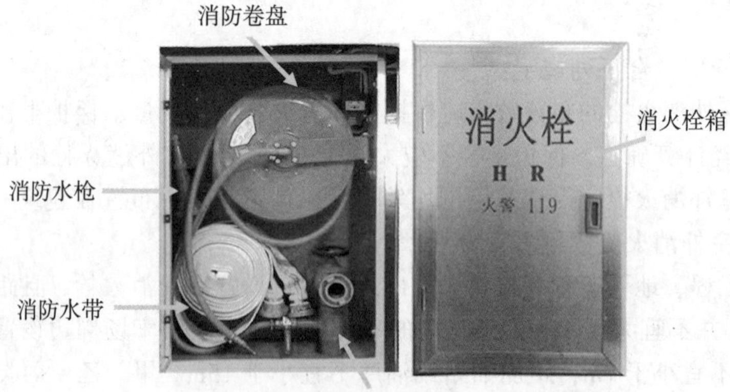

消防卷盘
消火栓
H R
火警 119
消火栓箱
消防水枪
消防水带
室内消火栓

图3-9　消火栓箱

(3)宜配置当量喷嘴直径 16mm 或 19mm 的消防水枪，但当消火栓设计流量为 2.5L/s 时，宜配置当量喷嘴直径 11mm 或 13mm 的消防水枪；消防软管卷盘和轻便水龙应配置当量喷嘴直径 6mm 的消防水枪。

(4)屋顶设有直升机停机坪的建筑，应在停机坪出入口处或非电器设备机房处设置消火栓，且距停机坪机位边缘的距离不应小于 5m。

(5)消防电梯前室应设置室内消火栓，并应计入消火栓使用数量。

(6)室内消火栓的布置应满足同一平面有 2 支消防水枪的 2 股充实水柱同时达到任何部位的要求，但建筑高度小于或等于 24m 且体积小于或等于 $5000m^3$ 的多层仓库、建筑高度小于或等于 54m 且每单元设置一部疏散楼梯的住宅；在规定可采用 1 支消防水枪的场所，可采用 1 支消防水枪的 1 股充实水柱到达室内任何部位。

建筑室内消火栓的设置位置应满足火灾扑救要求，并应符合下列规定：

(1)室内消火栓应设置在楼梯间及其休息平台和前室、走道等明显易于取用，以及便于火灾扑救的位置；

(2)住宅的室内消火栓宜设置在楼梯间及其休息平台；

(3)汽车库内消火栓的设置不应影响汽车的通行和车位的设置，并应确保消火栓的开启；

(4)同一楼梯间及其附近不同层设置的消火栓，其平面位置宜相同；

(5)冷库的室内消火栓应设置在常温穿堂或楼梯间内。

建筑室内消火栓栓口的安装高度应便于消防水龙带的连接和使用，其距地面高度宜为 1.1m；其出水方向应便于消防水带的敷设，并宜与设置消火栓的墙面成 90°角或向下。

设有室内消火栓的建筑应设置带有压力表的试验消火栓，其设置位置应符合下列规定：

(1)多层和高层建筑应在其屋顶设置，严寒、寒冷等冬季结冰地区可设置在顶层出口处或水箱间内等便于操作和防冻的位置；

(2)单层建筑宜设置在水力最不利处，且应靠近出入口。

室内消火栓宜按直线距离计算其布置间距，并应符合下列规定：

(1)消火栓按 2 支消防水枪的 2 股充实水柱布置的建筑物，消火栓的布置间距不应大于 30m；

(2)消火栓按 1 支消防水枪的 1 股充实水柱布置的建筑物，消火栓的布置间距不应大于 50m。

消防软管卷盘和轻便水龙的用水量可不计入消防用水总量。室内消火栓栓口压力和消防水枪充实水柱，应符合下列规定：

(1)消火栓栓口动压力不应大于 0.5MPa；当大于 0.7MPa 时，必须设置减压装置；

(2)高层建筑、厂房、库房和室内净空高度超过 8m 的民用建筑等场所，消火栓栓口动压不应小于 0.35MPa，且消防水枪充实水柱应按 13m 计算；其他场所，消火栓栓口动压不应小于 0.25MPa，且消防水枪充实水柱应按 10m 计算。

建筑高度不大于 27m 的住宅，当设置消火栓时，可采用干式消防竖管，并应符合下列规定：

(1)干式消防竖管宜设置在楼梯间休息平台，且仅应配置消火栓栓口；

(2)干式消防竖管应设置消防车供水接口；

(3)消防车供水接口应设置在首层便于消防车接近和安全的地点；

(4)竖管顶端应设置自动排气阀。

住宅户内宜在生活给水管道上预留一个接 DN15 消防软管或轻便水龙的接口。跃层住宅和商业网点的室内消火栓应至少满足一股充实水柱到达室内任何部位，并宜设置在户门附近。

城市交通隧道室内消火栓系统的设置应符合下列规定：

(1)隧道内宜设置独立的消防给水系统；

(2)管道内的消防供水压力应保证用水量达到最大时，最低压力不应小于 0.3MPa，但当消火栓栓口处的出水压力超过 0.7MPa 时，应设置减压设施；

(3)在隧道出入口处应设置消防水泵接合器和室外消火栓；

(4)消火栓的间距不应大于 50m，双向同行车道或单行通行但大于 3 车道时，应双面间隔设置；

(5)隧道内允许通行危险化学品的机动车，且隧道长度超过 3000m 时，应配置水雾或泡沫消防水枪。

3.1.4 质量要求

消防给水系统工程的施工，应按批准的工程设计文件和施工技术标准进行施工。

消防给水及消火栓系统工程的施工过程质量控制，应按下列规定进行：

(1)应校对审核图纸，复核是否同施工现场一致；

(2)各工序应按施工技术标准进行质量控制，每道工序完成后，应进行检查，检查合格后再进行下道工序；

(3)相关各专业工种之间应进行交接检验，并应经监理工程师签证后再进行下道工序；

(4)安装工程完工后，施工单位应按相关专业调试规定进行调试；

(5)调试完工后，施工单位应向建设单位提供质量控制资料和各类施工过程质量检查记录；

(6)施工过程质量检查组织应由监理工程师组织施工单位人员组成；

(7)施工过程质量检查记录应按表 3-1 的要求填写。

表 3-1 消防给水及消火栓系统施工过程质量检查记录

工程名称		施工单位	
施工执行规范名称及编号		监理单位	
子分部工程名称		分项工程名称	

续表

项目	《消防给水及消火栓系统技术规范》(GB 50974—2014)章节条款	施工单位检查评定记录	监理单位验收记录
结论	施工单位项目负责人：(签章) 年　月　日	监理工程师(建设单位项目负责人)：(签章) 年　月　日	

消防给水及消火栓系统的安装应符合下列要求：

(1)消防水泵、消防水箱、消防水池、消防气压给水设备、消防水泵接合器等供水设施及其附属管道安装前，应清除其内部污垢和杂物；

(2)消防供水设施应采取安全可靠的防护措施，其安装位置应便于日常操作和维护管理；

(3)管道的安装应采用符合管材的施工工艺，管道安装中断时，其敞口处应封闭。

3.1.4.1　消防水池

消防水池和消防水箱安装施工，应符合下列要求：

(1)消防水池和消防水箱的水位、出水量、有效容积、安装位置，应符合设计要求；

(2)消防水池、消防水箱的施工和安装，应符合现行国家标准《给水排水构筑物工程施工及验收规范》(GB 50141)、《供水管井技术规范》(GB 50296)和《建筑给水排水及采暖工程施工质量验收规范》(GB 50242)的有关规定；

(3)消防水池和消防水箱出水管或水泵吸水管应满足最低有效水位出水不掺气的技术要求；

(4)安装时池外壁与建筑本体结构墙面或其他池壁之间的净距应满足施工、装配和检修的需要；

(5)钢筋混凝土制作的消防水池和消防水箱的进出水等管道，应加设防水套管、钢板等制作的消防水池和消防水箱的进出水等管道，宜采用法兰连接；对有振动的管道，应加设柔性接头。组合式消防水池或消防水箱的进水管、出水管接头，宜采用法兰连接，采用其他连接时应做防锈处理；

(6)消防水池、消防水箱的溢流管、泄水管不应与生产或生活用水的排水系统直接相连，应采用间接排水方式。

检查数量：全数检查。

检查方法：核实设计图，直观检查。

3.1.4.2　消防水泵

消防水泵的安装如图 3-10 所示，应符合下列要求：

(1)消防水泵安装前，应校核产品合格证，以及其规格、型号和性能与设计要求应一致，并应根据安装使用说明书安装。

(2)消防水泵安装前，应复核水泵基础混凝土强度、隔振装置、坐标、标高、尺寸和螺栓孔位置。

(3)消防水泵的安装应符合现行国家标准《机械设备安装工程施工及验收通用规范》(GB 50231)和《风机、压缩机、泵安装工程施工及验收规范》(GB 50275)的有关规定。

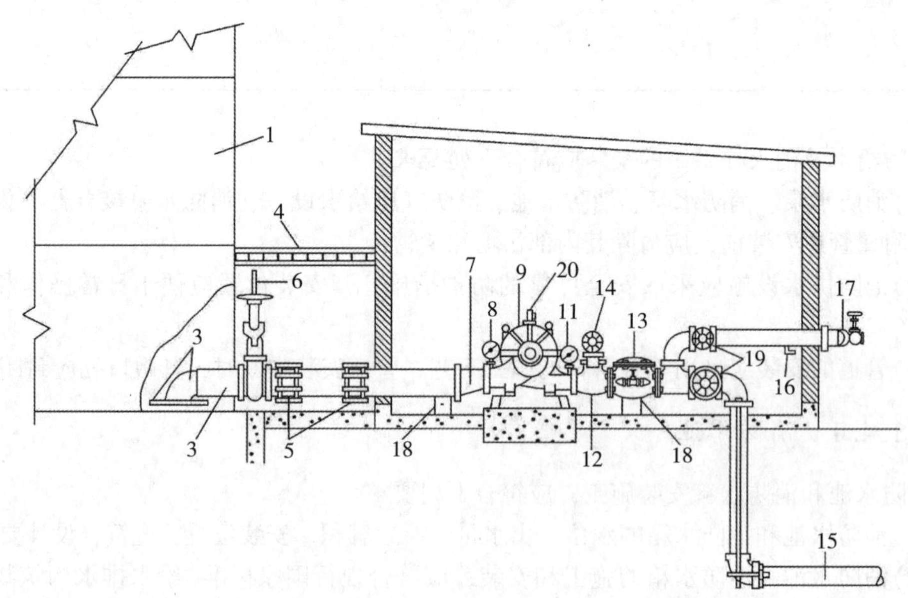

1—消防水池；2—进水弯头 1.2m×1.2m 的方形防涡流板，高出水池底部距离为吸水管径的 1.5 倍，但最小为 152mm；3—吸水管；4—防冻盖板；5—消除应力的柔性连接管；6—闸阀；7—偏心异径接头；8—吸水压力表；9—卧式泵体可分式消防泵；10—自动排气装置；11—出水压力表；12—渐缩的出水三通；13—多功能水泵控制阀或止回阀；14—泄压阀；15—出水管；16—泄水阀或球形滴水器；17—管道支座；18—指示性闸阀或指示性蝶阀；19—指示性闸阀或指示性蝶阀

图 3-10　消防水泵消除应力的安装示意图

(4)消防水泵安装前，应复核消防水泵之间，以及消防水泵与墙或其他设备之间的间距，并应满足安装、运行和维护管理的要求。

(5)消防水泵吸水管上的控制阀应在消防水泵固定于基础上后再进行安装，其直径不应小于消防水泵吸水口直径，且不应采用没有可靠锁定装置的控制阀，控制阀应采用沟槽式或法兰式阀门。

(6)当消防水泵和消防水池位于独立的两个基础上且相互为刚性连接时，吸水管上应加设柔性连接管。

(7)吸水管水平管段上不应有气囊和漏气现象。变径连接时，应采用偏心异径管件并应采用管顶平接。

消防水泵吸水管安装若有倒坡现象，则会产生气囊，采用大小头与消防水泵吸水口连接，如果是同心大小头，则在吸水管上部有倒坡现象存在。异径管的大小头上部会存留从水中析出的气体，因此应采用偏心异径管，且要求吸水管的上部保持平接，见图 3-11。

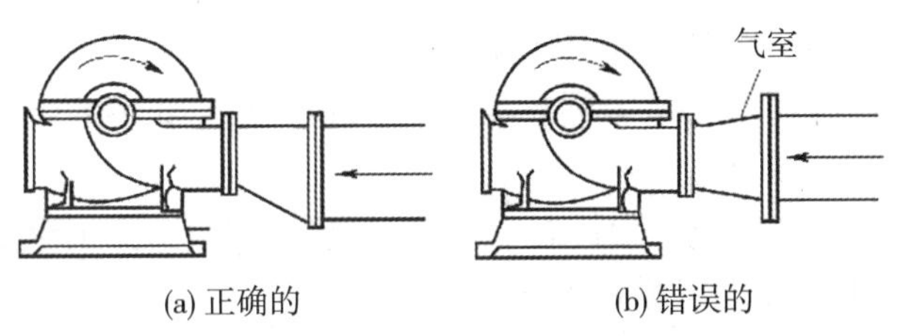

(a) 正确的　　(b) 错误的

图 3-11　正确和错误的水泵吸水管安装示意图

(8)消防水泵出水管上应安装消声止回阀、控制阀和压力表；系统的总出水管上还应安装压力表和压力开关；安装压力表时，应加设缓冲装置。压力表和缓冲装置之间应安装旋塞；压力表量程在没有设计要求时，应为系统工作压力的 2~2.5 倍。

(9)消防水泵的隔振装置、进出水管柔性接头的安装应符合设计要求，并应有产品说明和安装使用说明。

检查数量：全数检查。

检查方法：核实设计图，核对产品的性能检验报告，直观检查。

3.1.4.3　增稳压设施

消防气压给水设备安装位置、进水管及出水管方向应符合设计要求；出水管上应设止回阀，安装时，其四周应设检修通道，其宽度不宜小于 0.7m，消防气压给水设备顶部至楼板或梁底的距离不宜小于 0.6m。

(1)气压水罐安装应符合下列要求：

①气压水罐有效容积、气压、水位及设计压力应符合设计要求；

②气压水罐安装位置和间距、进水管及出水管方向应符合设计要求；出水管上应设止回阀；

③气压水罐宜有有效水容积指示器。

检查数量：全数检查。

检查方法：核实设计图，核对产品的性能检验报告，直观检查。

(2)稳压泵的安装应符合下列要求：

①规格、型号、流量和扬程应符合设计要求，并应有产品合格证和安装使用说明书；

②稳压泵的安装应符合现行国家标准《机械设备安装工程施工及验收通用规范》(GB 50231)和《风机、压缩机、泵安装工程施工及验收规范》(GB 50275)的有关规定。

检查数量：全数检查。

检查方法：尺量和直观检查

3.1.4.4 消防水泵接合器

消防水泵接合器的安装应符合下列规定：

(1)消防水泵接合器的安装，应按接口—本体—连接管—止回阀—安全阀—放空管—控制阀的顺序进行，止回阀的安装方向应使消防用水能从消防水泵接合器进入系统，整体式消防水泵接合器的安装，应按其使用安装说明书进行。

(2)消防水泵接合器的设置位置应符合设计要求。

(3)消防水泵接合器永久性固定标志应能识别其所对应的消防给水系统或水灭火系统，当有分区时应有分区标识。

(4)地下消防水泵接合器应采用铸有"消防水泵接合器"标志的铸铁井盖，并应在其附近设置指示其位置的永久性固定标志。

(5)墙壁消防水泵接合器的安装应符合设计要求。设计无要求时，其安装高度距地面宜为0.7m；与墙面上的门、窗、孔、洞的净距离不应小于2m，且不应安装在玻璃幕墙下方。

(6)地下消防水泵接合器安装时，应使进水口与井盖底面的距离不大于0.4m，且不应小于井盖的半径。

(7)消火栓水泵接合器与消防通道之间不应设有妨碍消防车加压供水的障碍物。

(8)地下消防水泵接合器井的砌筑应有防水和排水措施。

检查数量：全数检查。

检查方法：核实设计图，核对产品的性能检验报告，直观检查。

3.1.4.5 市政和室外消火栓

(1)市政和室外消火栓的安装应符合下列规定：

①市政和室外消火栓的选型、规格应符合设计要求；

②管道和阀门的施工和安装，应符合现行国家标准《给水排水管道工程施工及验收规范》(GB 50268)、《建筑给水排水及采暖工程施工质量验收规范》(GB 50242)的有关规定；

③地下式消火栓顶部进水口或顶部出水口应正对井口。顶部进水口或顶部出水口与消防井盖底面的距离不应大于0.4m，井内应有足够的操作空间，并应做好防水措施；

④地下式室外消火栓应设置永久性固定标志；

⑤当室外消火栓安装部位火灾时，如存在可能落物危险，则上方应采取防坠落物撞击的措施；

⑥市政和室外消火栓安装位置应符合设计要求，且不应妨碍交通，在易碰撞的地点应设置防撞设施。

检查数量：按数量抽查30%，但不应小于10个。

检查方法：核实设计图，核对产品的性能检验报告，直观检查。

(2)市政消防水鹤的安装应符合下列规定：

①市政消防水鹤的选型、规格应符合设计要求；

②管道和阀门的施工和安装，应符合现行国家标准《给水排水管道工程施工及验收规范》(GB 50268)、《建筑给水排水及采暖工程施工质量验收规范》(GB 50242)的有关规定；

市政消防水鹤的安装空间应满足使用要求，并不应妨碍市政道路和人行道的畅通。

检查数量：全数检查。

检查方法：核实设计图、核对产品的性能检验报告、直观检查。

3.1.4.6　室内消火栓

室内消火栓及消防软管卷盘或轻便水龙的安装应符合下列规定：

(1)室内消火栓及消防软管卷盘和轻便水龙的选型、规格应符合设计要求。

(2)同一建筑物内设置的消火栓、消防软管卷盘和轻便水龙应采用统一规格的栓口、消防水枪和水带及配件。

(3)试验用消火栓栓口处应设置压力表。

(4)当消火栓设置减压装置时，应检查减压装置符合设计要求，且安装时应有防止砂石等杂物进入栓口的措施。

(5)室内消火栓及消防软管卷盘和轻便水龙应设置明显的永久性固定标志，当室内消火栓因美观要求需要隐蔽安装时，应有明显的标志，并应便于开启使用。

(6)消火栓栓口出水方向宜向下或与设置消火栓的墙面成90°角，栓口不应安装在门轴侧。

(7)消火栓栓口中心距地面应为1.1m，特殊地点的高度可特殊对待，允许偏差±20mm。

检查数量：按数量抽查30%，但不应小于10个。

检验方法：核实设计图，核对产品的性能检验报告，直观检查。

消火栓箱的安装应符合下列规定：

(1)消火栓的启闭阀门设置位置应便于操作使用，阀门的中心距箱侧面应为140mm，距箱后内表面应为100mm，允许偏差±5mm。

(2)室内消火栓箱的安装应平正、牢固，暗装的消火栓箱不应破坏隔墙的耐火性能。

(3)箱体安装的垂直度允许偏差为±3mm。

(4)消火栓箱门的开启不应小于120°。

(5)安装消火栓水龙带，水龙带与消防水枪和快速接头绑扎好后，应根据箱内构造将水龙带放置。

(6)双向开门消火栓箱应有耐火等级应符合设计要求，当设计没有要求时，应至少满足1h耐火极限的要求。

(7)消火栓箱门上应用红色字体注明“消火栓”字样。

检查数量：按数量抽查30%，但不应小于10个。

检验方法：直观和尺量检查。

任务3.2 消防排水设施安装

工业、民用及市政等建设工程均设有消防给水系统，为保护财产和消防设备在火灾时能正常运行等安全需要，须设置消防排水设施。因系统调试和日常维护管理的需要，在实验消火栓处、自动喷水末端试水装置处以及报警阀试水装置处等地应设置消防排水。

排水措施应满足财产和消防设施安全，以及系统调试和日常维护管理等安全和功能的需要。

3.2.1 设计交底

消防排水设施施工设计交底与消防给水设施同时进行。详见任务3.1消防给水设备安装中3.1.1设计交底。

3.2.2 工艺流程

消防排水设施工艺流程见前述任务中介绍的管道安装流程。

3.2.3 设备要求

(1)下列建筑物和场所内应采取消防排水措施：

①消防水泵房；

②设有消防给水系统的地下室；

③消防电梯的井底；

④仓库。

(2)室内消防排水应符合下列规定：

①室内消防排水宜排入室外雨水管道；

②当存有少量可燃液体时，排水管道应设置水封，并宜间接排入室外污水管道；

③地下室的消防排水设施宜与地下室其他地面废水排水设施共用。

(3)消防电梯的井底排水设施应符合下列规定：

①排水泵集水井的有效容量不应小于$2m^3$；

②排水泵的排水量不应小于10L/s。

(4)室内消防排水设施应采取防止倒灌的技术措施。

3.2.4 质量要求

消防给水系统试验装置处应设置专用排水设施，排水管径应符合下列规定：

(1)自动喷水灭火系统等自动水灭火系统末端试水装置处的排水立管管径，应根据末端试水装置的泄流量确定，并不宜小于DN75；

(2)报警阀处的排水立管宜为DN100；

(3)减压阀处的压力试验排水管道直径应根据减压阀流量确定，但不应小于DN100。

试验排水可回收部分宜排入专用消防水池循环再利用。

排水设施安装质量要求详见管道安装相关质量要求。

项目4　消防给水排水工程量计算

◎ **知识目标：** 掌握消防水系统工程量计算方法以及工程定额。

◎ **能力目标：** 能合理使用工程定额；能编制工程量清单；培养应用工程量清单计价的能力；学会编制招投标文件。

◎ **素质目标：** 具有较高的安全意识、良好的职业道德和敬业精神；具有一丝不苟的工作精神和标准化意识；具备集体意识和社会责任心。

◎ **思政目标：** 结合时代发展的要求，有机融入习近平新时代中国特色社会主义思想、社会主义核心价值观，培养学生守法、诚信、遵规的良好职业道德和职业素养，培养学生社会责任感，提升学生专业认同感。

任务4.1　消防给水排水工程相关定额

因工程计价依据不同，目前我国处于定额计价和工程量清单计价两种模式并存的状态。

定额计价是按照定额的分部分项子目，逐项计算工程量，套用定额单价(或单位估价表)确定直接费，然后按规定的取费标准确定措施费、企业管理费、利润、规费和税金，加上材料价差汇总后，形成工程预算。

工程量清单计价是在同一工程量清单项目设置基础上，制定工程量计算规则，根据施工图计算出各个清单项目的工程量，再根据定额或相关规定、工程造价信息和经验数据得到工程造价。其编制过程分为两个阶段，即工程量清单的编制和利用工程量清单来编制投标报价(或招标控制价)。

消防工程预算可选用定额计价，也可选用工程量清单计价，它属于一个建设项目中的单位工程预算的一部分。

4.1.1　定额组成

定额指的是在一定时期的生产、技术、管理水平下，生产活动中资源的消耗所应遵守或达到的数量标准。定额是编制计划的基础，是确定工程造价的依据，是加强企业管理的重要工具。

(1)按照定额反映的物质消耗性质分类，建设工程定额可分为劳动消耗定额、材料消耗定额及机械台班消耗定额三种形式，也被称为三大基本定额，它们是组成任何使用定额消耗内容的基础。三大基本定额都是计量性定额。

①劳动消耗定额，简称劳动定额(或人工定额)，是指在正常的生产技术和生产组织条件下，完成单位合格产品所规定的劳动消耗量标准。

②材料消耗定额，是指在节约和合理使用材料的条件下，完成单位合格产品所需消耗的材料数量，以单位工程的材料计量单位来表示。

③机械台班消耗定额，也称施工机械台班使用定额，是指在正常施工条件和合理组织条件下，为完成单位合格产品所必需消耗的各种机械设备的数量标准。它表示机械设备的生产效率，即一个台班应完成质量合格的单位产品的数量标准，或完成单位合格产品所需台班数量标准。

机械台班消耗定额可以用时间定额和产量定额两种形式表现，且在数量上互为倒数关系。

(2)按定额的编制程序和用途分类，建设工程定额可分为施工定额、预算定额、概算定额、概算指标和投资估算指标等。

(3)按定额的主编单位和管理权限分类，建设工程定额可分为全国统一定额、行业统一定额、地区统一定额、企业定额、补充定额等。

(4)由于工程建设涉及众多专业，不同的专业所含的内容也不同，因此就确定人工、材料和机械台班消耗量标准的工程定额来说，也需要按不同的专业分别进行编制和执行。

①建筑工程定额按专业对象分类，可分为建筑及装饰工程定额、房屋修缮工程定额、市政工程定额、铁路工程定额、公路工程定额、矿山井巷工程定额等。

②安装工程定额按专业对象分类，可分为电气设备安装工程定额、机械设备安装工程定额、热力设备安装工程定额、通信设备安装工程定额、工业管道安装工程定额、消防工程定额、工艺金属结构安装工程定额等。

4.1.2　预算定额

预算定额是指在正常的施工技术和组织条件下，规定拟完成一定计量单位的分部分项工程所需消耗的人工、材料和机械台班的数量标准。

预算定额是工程建设中的一项重要的技术经济文件，它能物化劳动的数量限度，反映在完成规定计量单位符合设计标准和施工质量验收规范要求的分项工程所消耗的劳动。

预算定额是工程建设中的一项重要的技术经济文件，是编制施工图预算的主要依据，是确定和控制工程造价的基础。

4.1.2.1　预算定额的作用

(1)是编制施工图预算、确定建筑安装工程造价的基础；
(2)是编制施工组织设计的依据；
(3)是工程结算的依据；
(4)是施工单位进行经济活动分析的依据；
(5)是编制概算定额的基础；
(6)是合理编制招标控制价和投标报价的基础。

4.1.2.2　预算定额的编制原则

(1)按社会平均必要劳动量确定定额水平；

(2)简明适用，严谨准确；

(3)统一性和差别性相结合；

(4)技术先进，经济合理。

4.1.3　关于定额的国家规范内容

2015 年住房和城乡建设部发布建标〔2015〕34 号文，《通用安装工程消耗量定额》(TY 02-31—2015)自 2015 年 9 月 1 日起施行，2000 年发布的《全国统一安装工程预算定额》废止。

《通用安装工程消耗量定额》是完成规定计量单位分项工程所需的人工、材料、施工机械台班的消耗量标准，是各地区、部门工程造价管理机构编制建设工程定额确定消耗量，编制国有投资工程投资估算、设计概算、最高投标限价的依据。消防工程的预算定额参照《通用安装工程消耗量定额》执行。

《通用安装工程消耗量定额》共 12 册，各册相关说明介绍如下：

(1)第一册：机械设备安装工程。内容主要包括：切削设备安装，锻压设备安装，铸造设备安装，起重设备安装，起重机轨道安装，输送设备安装，电梯安装，风机安装，泵安装，压缩机安装，工业炉设备安装，煤气发生设备安装，制冷设备安装，其他机械安装及设备灌浆等。

(2)第二册：热力设备安装工程。内容主要包括：锅炉安装工程，锅炉附属、辅助设备安装工程，汽轮发电机安装工程，汽轮发电机附属、辅助设备安装工程，燃煤供应设备安装工程，燃油供应设备安装工程，除渣、除灰设备安装工程，发电厂水处理专用设备安装工程，脱硫、脱硝设备安装工程，炉墙保温与砌筑，耐磨衬砌工程，工业与民用锅炉安装工程，热力设备调试工程等。

(3)第三册：静置设备与工艺金属结构制作安装工程。内容主要包括：静置设备制作、说明、工程量计算规则，容器制作，碳钢平底平盖容器制作，碳钢平底锥顶容器制作，静置设备附件制作，鞍座制作，支座制作，设备接管制作安装(碳钢、合金钢)，设备接管制作安装(不锈钢)，设备人孔制作安装，设备手孔制作安装，设备法兰、塔器地脚螺栓制作等。

(4)第四册：电气设备安装工程。内容主要包括：变压器工程，配电装置安装工程，绝缘子、母线安装工程，配电控制、保护、直流装置安装工程，蓄电池安装工程，发电机、电动机检查接线工程，滑触线安装工程，防雷及接地装置安装工程，电压等级小于或等于 10kV 架空线路输电工程，配管和配线工程，照明器具安装工程，低压电器设备安装工程，运输设备电气安装工程，电气设备调试工程等。

(5)第五册：建筑智能化工程。内容主要包括：计算机及网络系统工程，综合布线系统工程，建筑设备自动化系统工程，有线电视、卫星接收系统工程，音频、视频系统工程，安全防范系统工程，智能建筑设备防雷接地等。

(6)第六册：自动化控制仪表安装工程。内容主要包括：过程检测仪表，过程控制仪表，机械量监控装置，过程分析及环境检测装置，安全、视频及控制系统，工业计算机安装与试验，仪表管路敷设、伴热及脱脂，自动化线路、通信，仪表盘、箱、柜及附件安装，仪表附件安装制作等。

(7)第七册：通风空调工程。本册适用于通风空调设备及部件制作安装，通风管道制作安装，通风管道部件制作安装工程。

(8)第八册：工业管道工程。内容主要包括：碳钢有缝钢管(螺纹连接)，碳钢管(氧乙炔焊)，碳钢管(电弧焊)，碳钢管(氩电联焊)，碳钢伴热管(氧乙炔焊)，碳钢伴热管(氩弧焊)，碳钢板卷管(电弧焊)，碳钢板卷管(氩电联焊)，碳钢板卷管(埋弧自动焊)，不锈钢管(电弧焊)等。

(9)第九册：消防工程。内容主要包括：水灭火系统，气体灭火系统，泡沫灭火系统，火灾自动报警系统，消防系统调试。

(10)第十册：给排水、采暖、燃气工程。本册适用于工业与民用建筑的生活用给排水、采暖、室内空调水、燃气管道系统中的管道、附件、配件、器具及附属设备等安装工程。

(11)第十一册：通信设备及线路工程。本册适用于以有线接入方式实现与通信核心网络相连的接入网以及用户交换系统、局域网、综合布线系统等各类用户网的建设工程。

(12)第十二册：刷油、防腐蚀、绝热工程。内容主要包括：硬质瓦块安装，泡沫玻璃瓦块安装，纤维类制品安装，泡沫塑料瓦块安装，毡类制品安装，棉席(被)类制品安装，纤维类散状材料安装，聚氨酯泡沫喷涂发泡安装，聚氨酯泡沫喷涂发泡补口安装，硅酸盐类涂抹材料安装等。

4.1.4　使用定额应注意的问题

水是天然灭火剂，易于获取和储存，在扑救火灾中不会造成环境污染。水灭火系统包括室内外消火栓系统、自动喷水灭火系统、水幕和水喷雾灭火系统等。

任务4.2　消防给水排水工程量计算与定额套用

4.2.1　消火栓灭火系统

4.2.1.1　基本知识

消火栓灭火系统至今仍是建筑内部最重要、最普遍应用的水灭火设施。它是把室外给水系统提供的水量，经过加压(外网压力不足时)输送到用于扑灭建筑物内的火灾而设置的固定灭火设备，是建筑内部最基本的灭火设施。

消火栓灭火系统是扑救、控制建筑物初期火灾的最为有效的灭火设施，是应用最为广泛、用量最大的消防灭火系统，在建筑火灾灭火施救、火灾受困人员救援与疏散方面发挥了重要作用。

目前，依据不同的分类标准，消火栓灭火系统可分为不同的类型。按服务范围划分，消火栓灭火系统可分为室外消火栓系统、室内消火栓系统和市政消火栓系统；按加压方式划分，消火栓灭火系统可分为常高压消火栓系统、临时高压消火栓系统和低压消火栓系统；按合用方式划分，消火栓灭火系统可分为生活和生产消火栓合用系统以及独立的消火栓系统。消火栓灭火系统分类如图 4-1 所示。

以建筑物外墙为界线划分，建筑消火栓系统可分为室外消火栓系统和室内消火栓系统。位于建筑建筑物外墙中心线以外为室外消火栓系统，反之则为室内消火栓系统。

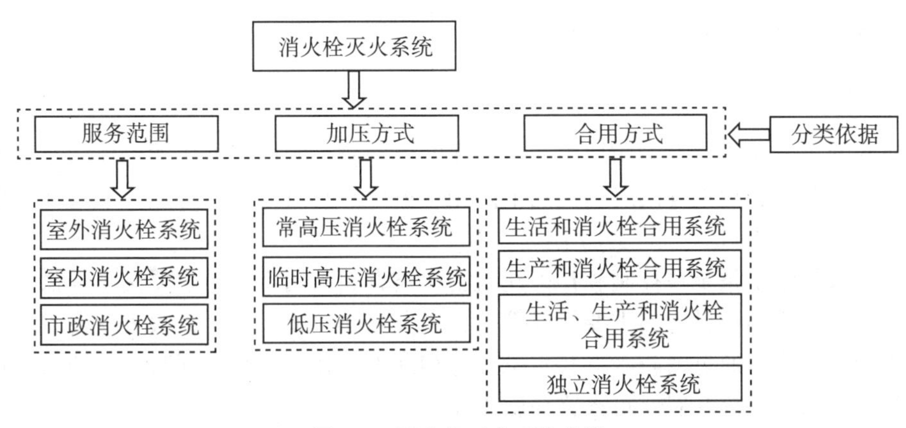

图 4-1　消火栓灭火系统分类

室外消防给水系统主要供消防车等消防设备从市政给水管网或室外消防给水管网取水实施灭火，也可以连接水带、水枪出水灭火。因此，室外消防给水系统是扑救火灾的重要消防设施之一，也是保障城市消防安全不可或缺的一部分。

室外消防给水系统应确保火灾发生时用水设备对水量和水压的要求能得以满足。受消火栓灭火系统类型、消防水源和水质的影响，室外消火栓系统的组成存在一定区别。例如，生活、生产合用的消火栓系统比独立消火栓系统的组成更复杂。一般来说，室外消火栓给水系统主要由室外消火栓、消防水泵、供水管网和消防水池等设施设备组成。

1. 室外消火栓

室外消火栓安装于室外的给水管网上，具备可提供消防用水的标准接口阀门。传统的有地上式消火栓和地下式消火栓，如项目 3 中图 3-6 所示。地上消火栓部分露出地面，目标明显、易于寻找、操作方便，但容易冻结，有些场合还会妨碍交通，容易被车辆意外撞坏，影响市容，适用于气温较高地区。地下式消火栓隐蔽性强，不影响城市美观，受破坏情况少，但目标不明显，寻找、操作和维修都不方便，容易被建筑和停放的车辆等埋、占、压，一般需要与消火栓连接器配套使用，适用于较寒冷地区。

2. 消防水泵接合器

水泵接合器是根据《建筑设计防火规范》(GB 50016—2022)规定为高层建筑配套的消

防设施。通常与建筑物内的自动喷水灭火系统或消火栓等消防设备的供水系统相连接，如项目3中图3-4所示。当发生火灾时，消防车的水泵可迅速方便地通过该接合器的接口与建筑物内的消防设备相连接，并送水加压，从而使室内的消防设备得到充足的压力水源，用以扑灭不同楼层的火灾，有效地解决建筑物发生火灾后，消防车灭火困难或因室内的消防设备因得不到充足的压力水源无法灭火的情况。

3. 供水管网

借助供水管网将消防水源从消防水池输送至消防车、消火栓栓口等消防设施，从而保障消防水源能够及时、高效地送达各个用水点，实现火灾快速扑灭。

4. 消防水池

消防水池主要用于储存消防用水，可在无室外消防水源或室外水源不能满足要求的情况下满足火灾初期和火灾延续时间内的消防用水需要。其可设于室外地下或地面，也可设于室内地下室，如项目3中图3-1所示。

室内消火栓给水系统在控制和扑灭建筑物火灾方面应用广泛，主要用于提供室内消防用水。作为建筑物消防设施的重要组成部分，当发生建筑物火灾时，火灾现场人员可直接打开消火栓箱，进而通过消防水喉和水枪开展初期火灾扑救。与此同时，消防人员也可利用室内消火栓给水系统开展建筑火灾扑救工作。

建筑室内消火栓给水系统主要由室内消火栓、消防水枪、消防水带、消防卷盘、消防按钮、消火栓箱、消防水泵、消防水箱、消防水池、水泵接合器、给水管网(包括进水管、水平干管和消防竖管等)、控制阀等组成。其工作原理如下：人员发现火灾发生后，打开消火栓箱门，按动火灾报警按钮，向消防控制中心发出火灾报警信号或远距离启动消防水泵，然后迅速拉出水带、水枪(或消防水喉)，将水带的一端与消火栓栓口连接，另一端与水枪接好，接着展开水带，开启消火栓阀门，握紧水枪，通过水枪(或消防水喉)

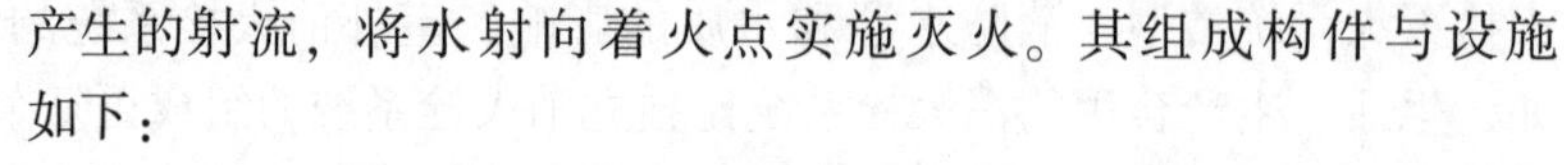

产生的射流，将水射向着火点实施灭火。其组成构件与设施如下：

图4-2　消防水泵

(1)室内消火栓：是室内消防给水管网向火场供水的带有专用接口的阀门。其进水端与消防管道相连，出水端与水带相连，如项目3中图3-8所示。

(2)消火栓箱：是指用于存放消火栓的箱子，一般消火栓箱内会配置有水带、水枪、消防卷盘等，如项目3中图3-9所示。

(3)消防水泵：通过消防水泵加压，可满足灭火时对水压和水量的要求。如水泵由于设置、维护不当产生故障，势必影响灭火救援，造成不必要的损失。消防水泵应采用一用一备或多用一备的运行方式，备用泵应与工作泵的性能相同。消防水泵如图4-2所示。

(4)给水管网：室内消防给水管网的引入管一般不应小于两条，当一条引入管发生故障时，其余引入管应仍能保证消防用水量和水压。为保证供水安全，管网布置一般采用环式管网供水，保证供水干管和每条消防立管都能做到双向供水。消防竖管布置：应保证同层相邻两个消火栓的水枪充实水柱能同时达到被保护范围内的任何部位。每根消防竖管的直径不小于 100mm，安装室内消火栓时进水管的公称直径不小于 50mm，在一般建筑物内，消火栓及消防给水管道均采用明装。

4.2.1.2　消火栓灭火系统定额内容与标准规定

根据《广西壮族自治区安装工程费用定额》(2015)以及《广西壮族自治区安装工程消耗量定额》(2015)对消火栓灭火系统进行工程量计算以及定额套用。《广西壮族自治区安装工程费用定额》(2015)适用于广西壮族自治区辖区范围内的安装工程。《广西壮族自治区安装工程消耗量定额》(2015)共包括十一册，其中，消火栓灭火系统工程量计算与定额套用主要参考常用册中的“给排水、燃气工程”“建筑智能化工程”进行，“给排水、燃气工程”适用于新建、扩建项目中的生活用给水、排水、燃气管道以及附件配件安装，小型容器制作安装。

(1)“给排水、燃气工程”规定以下项目执行其他册中相应的定额标准：

①工业管道、生产生活共用的管道、锅炉房的管道应执行“工业管道工程”中相应项目；

②刷油、防腐蚀、绝热工程执行“刷油、防腐蚀、绝热工程”相应项目。

(2)关于各项费用的规定具体如下：

①脚手架搭拆费：按人工费的 5%计算。独立承担的埋地管道安装工程不计算脚手架搭拆费。

②操作高度增加费：定额中工作物操作高度均以 3.6m 为界限，如超过 3.6m 时，其超出部分工程量按定额人工费乘表 4-1 中所列系数计算。

表 4-1　**操作高度增加费系数**

操作物高度(m)	≤10	≤30	≤50
系数	1.10	1.20	1.50

注：沿建筑外墙敷设的给水、排水、雨水立管及在管井内敷设的管道不计算超高增加费。

③高层建筑增加费(指建筑物层数大于 6 层或高度大于 20m 的工业与民用建筑)：按表 4-2 计算。

表 4-2　**高层建筑增加费系数**

建筑物层数	按人工费的(%)
9 层以下(30m)	2
12 层以下(40m)	3

续表

建筑物层数	按人工费的(%)
15层以下(50m)	4
18层以下(60m)	6
21层以下(70m)	8
24层以下(80m)	10
27层以下(90m)	13
30层以下(100m)	16
33层以下(110m)	19
36层以下(120m)	22
39层以下(130m)	25
43层以下(140m)	28
45层以下(150m)	31
48层以下(160m)	34
51层以下(170m)	37
54层以下(180m)	40
57层以下(190m)	43
60层以下(200m)	46

注：高层建筑增加费全部为人工费。

④地下室(暗室)施工增加费计算标准：见表4-3。

表4-3

项　目	计费标准
消防水安装工程地下部分和单独承包的地下室(暗室)给排水、消防水工程	地下(暗室)施工的给排水、消防水工程定额人工费×25%
其他地下室(暗室)给排水、消防水工程	给排水：0.6元/m² 消火栓及喷淋：1.8元/m²

⑤设置于管道间、管廊内的管道、阀门、法兰、支架安装，其人工费乘以系数1.3。

(3)消火栓灭火系统相关定额内容："给排水、燃气工程"以及"建筑智能化工程"定额中与消火栓灭火系统相关的定额内容如表4-4所示。

表 4-4　**“给排水、燃气工程”以及“建筑智能化工程”定额中与消火栓灭火系统相关的定额内容**

项目	涉及内容
水灭火系统	管道、喷头、消防水炮、湿式报警装置、水流指示器、温感式水幕装置、减压孔板、末端试水装置、集热板、室内外消火栓、消防水泵接合器、灭火器具、消防水炮等安装
水灭火系统调试	消火栓灭火系统、自动喷水灭火系统、消防水炮控制装置调试等

4.2.1.3　消火栓灭火系统工程量计算与定额套用

针对消火栓灭火系统工程量计算与定额套用工作，本节主要讨论消火栓管道安装、阀门、法兰安装、消火栓安装、水泵接合器安装，以及消火栓给水系统控制装置调试几个方面。

1. 消火栓管道安装

1)定额参考标准

根据《广西壮族自治区安装工程费用定额》(2015)以及《广西壮族自治区安装工程消耗量定额》(2015)中“给排水、燃气工程”第一章管道安装，针对消火栓管道安装执行标准中相应项目。需要指出的是，本章定额不包括以下项目：

(1)管道沟土方、凿槽刨沟及所凿沟槽恢复。管道沟土方、凿槽刨沟及所凿沟槽恢复执行“电气设备安装工程”相应项目；

(2)管道安装中不包括阀门及伸缩器的制作安装，按相应项目另行计算；

(3)钢管安装定额未含支吊架制作安装，需另行计算。

与此同时，所有给水管道、套管安装均包括预留孔洞工作内容，不得另行计算。若只做预留而不安装管道的项目，则预留孔洞执行“电气设备安装工程”相应项目；给水管道安装不包括孔洞封堵工作内容，孔洞封堵在套管制作安装子目中考虑。

2)界限划分

(1)给水管道与市政管道划分以建筑物入口处阀门(水表井)为界，阀门以内执行安装工程定额，阀门以外的小区给水管网执行市政工程定额。

(2)若建筑物入口处无总阀门(总水表井)，以设计施工图为准，设计施工图上配套于该建筑物范围内的给水管道执行安装工程定额，以外的小区给水管网执行市政工程定额。

3)工程量计算规则

(1)各种管道均按施工图所示中心长度，以“m”为计量单位，不扣除阀门、管件(包括减压器、疏水器、水表、伸缩器等组成安装)所占的长度。

(2)钢管(焊接)安装已含管件安装内容，管径在 DN300 以内的钢管(焊接)安装定额已含管件费用，管径大于 DN300 的管件主材费另行计算。

(3)不锈钢管、铜管安装已包含管件安装内容，但管件费用按实际数量另行计算。

(4)管沟回填土工程量计算应扣除管径大于 DN200 以上的管道、基础、垫层和各种构筑物所占的体积。

(5)室内给排水管道与卫生器具连接的分界线：给水管道工程量计算至卫生器具(含附件)前与管道系统连接的第一个连接件(角阀、冲洗阀、三通、弯头、管箍等)为止。

定额应用示例：广西壮族自治区某工程消火栓给水系统 DN65 钢管(螺纹连接)，工程量为 40m，DN100 钢管(法兰连接)，工程量为 100m，DN100 “U”形管卡子实际用量为 10 个，DN100 弯头 5 个，DN100 三通 2 个，若不考虑未计价材费，试套用定额。

解：按《广西壮族自治区安装工程消耗量定额》(2015)常用册“给排水、燃气工程”定额相关规定，消火栓管道采用 DN65 钢管(螺纹连接)、DN100 钢管(法兰连接)均应执行常用册“给排水、燃气工程”第一章管道连接相应项目；“U”形管卡子按实际用量计算，“U”形管卡子安装已包括管件安装人工费，管件价格另计。套用定额见表 4-5。

表 4-5　**管道定额套用**

定额编号	项目名称	计量单位	工程量	基价(元)	其中(元)			未计价材费
					人工费	材料费	机械费	
B9-0006	钢管(螺纹连接)DN65	10m	4.0	275.94	227.09	39.61	9.24	
未计价材	钢管 DN65	m	40.8					
B9-0031	钢管(法兰连接)DN100	10m	10	915.79	532.15	146.99	236.65	
未计价材	钢管 DN100	m	1					
	“U”形管卡子	个	10	2				
未计价材	弯头 DN100	个						
未计价材	三通 DN100	个						

2. 阀门、法兰安装

1)定额参考标准

消防水系统的阀门、法兰安装执行常用册《给排水、燃气工程》第三章管道附件相应项目。采用该章节进行阀门、法兰安装定额套用时，应注意以下几点：

(1)螺纹阀门安装适用于各种内外螺纹连接的阀门安装。

(2)液压式水位控制阀安装不含浮球阀及连接浮球阀的管道安装，浮球阀及连接浮球阀的管道安装另行计算。

(3)法兰阀门安装适用于各种法兰阀门的安装，如仅为一侧法兰连接，则定额中的法兰、带帽螺栓及钢垫圈数量减半，其他不变。

(4)法兰阀门(沟槽连接)执行焊接法兰阀门项目，扣除电焊条电焊机机械台班费用，平焊法兰按沟槽法兰换算，同时增加 2 个卡箍材料费用。除此以外，其他不变。

(5)在塑料管道上安装的塑料阀门(热熔连接)，阀门两端采用法兰套连接时，法兰套主材费另行计算。

(6)各种法兰连接用垫片均按石棉橡胶板计算。如用其他材料，则不做调整。

2)工程量计算规则

(1)各种阀门安装均以“个”为计量单位。

(2)浮球阀安装均以“个”为计量单位。包括连杆及浮球的安装，不得另行计算。

(3)法兰阀(带短管甲乙)安装，均以“套”为计量单位，如接口材料不同时，可作调整。

(4)各种法兰制作安装，均以“副”为计量单位。

(5)法兰水表安装以“个”为计量单位，阀门用量按设计要求另行计算。

3. 消火栓、消防水泵接合器及消防增压稳压设备安装

1)定额参考标准

消防栓、水泵接合器安装执行常用册“给排水、燃气工程”第七章水灭火系统安装。采用该章节进行消防栓、水泵接合器安装定额套用时，应注意以下几点：

(1)室内消火栓组合卷盘安装，执行室内消火栓安装项目，定额乘以系数 1.2。箱式、柜式室内消火栓箱(带灭火器)，执行室内消火栓安装项目，定额乘以系数 1.5，灭火器安装不再另行计算。

(2)各种消防泵、稳压泵的安装及二次灌浆，执行“机械设备安装工程”相应项目。

2)工程量计算规则

(1)室内消火栓安装，区分单栓和双栓以“套”为计量单位，所带消防按钮的安装另行计算。

(2)室外消火栓安装，区分不同规格和覆土深度以“套”为计量单位。

(3)消防水泵接合器安装，区分不同安装方式和规格以“套”为计量单位。如设计要求用短管时，其本身价值可另行计算，其余不变。

室内外消火栓、室内消火栓组合卷盘、消防水泵接合器及消防增压稳压设备成套产品包括的内容详见表 4-6。

表 4-6 **成套产品包括的内容**

序号	项目名称	型号	包括内容
1	室内消火栓	SN	消火栓箱、消火栓、水枪、水龙带、水龙带接扣、挂架
2	室外消火栓	地上式 SS 地下式 SN	地上式消火栓、法兰接管、弯管底座 地下式消火栓、法兰接管、弯管底座或消火栓三通
3	室内消火栓组合卷盘	SN	消火栓箱、消火栓、水枪、水龙带、水龙带接扣、挂架、消防软管卷盘
4	消防水泵接合器	地上式 SQ 地下式 SQX 墙壁式 SQB	消防接口本体、止回阀、安全阀、闸(蝶)阀、弯管底座 消防接口本体、止回阀、安全阀、闸(蝶)阀、弯管底座 消防接口本体、止回阀、安全阀、闸(蝶)阀、弯管底座、标牌
5	消防增压稳压设备	立式 ZW(L) 卧式 ZW(W)	一用一备水泵、隔膜气压罐、蝶阀、截止阀、上回阀、安全阀、橡胶接头、泄水阀、远传压力表

定额应用示例(消火栓定额应用)：广西壮族自治区某工程现有 SN65 室内单栓消火栓 10 套，DN65 室内单栓消火栓组合卷盘 2 套，试套用定额(未计价材费不考虑)。

解：根据《广西壮族自治区安装工程消耗量定额》(2015)常用册“给排水、燃气工程”中第七章水灭火系统安装相应项目套用。其中室内消火栓组合卷盘安装，执行室内消火栓安装项目，定额乘以系数 1.2，人工费：53.58×1.2=64.30(元)；材料费：13.71×1.2=16.45(元)；机械费：0.80×1.2=0.96(元)；基价：64.30+16.45+0.96=81.71(元)。

定额套用情况见表 4-7。

表 4-7　**消火栓定额套用**

定额编号	项目名称	计量单位	工作量	基价(元)	其中(元)			未计价材费
					人工费	材料费	机械费	
B9-0803	室内消火栓安装单栓 DN65	套	10	68.09	53.58	13.71	0.80	
未计价材	室内消火栓单栓 DN65	套	10					
B9-0803×1.2	室内消火栓组合卷盘安装 DN65	套	2	81.71	64.30	16.45	0.96	
未计价材	室内消火栓组合卷盘 DN65	套	2					

4. 消火栓灭火系统装置调试

1)定额参考标准

系统调试是指消防报警和灭火系统安装完毕，并达到国家有关消防施工验收规范、标准后，所进行的全系统检测、调试和试验。消火栓灭火系统装置调试执行常用册“建筑智能化工程”中第八章火灾自动报警系统。采用该章节进行消火栓灭火系统装置调试定额套用。水灭火系统装置调试包括消火栓、自动喷水灭火系统、消防水炮控制装置调试。

2)工程量计算规则

消火栓灭火系统按消火栓启泵按钮数量以“点”为计量单位；消防水炮控制装置系统调试按水炮数量以“点”为计量单位。

4.2.2　自动喷水灭火系统

4.2.2.1　基本知识

自动喷水灭火系统是一种全天候的固定式自动主动消防系统，在火灾时，喷头的热敏元件对环境温度产生反应，喷头自动打开，并把水均匀地喷洒在着火区域，快速抑制燃烧，以实现火灾的初期控制，最大限度地减少生命和财产损失。有记载的世界上第一套简易自动喷水灭火系统于 1812 年安装在英国伦敦皇家剧院，距今已有 200 多年历史，而我国的自动喷水灭火系统应用也有 90 余年的历史。据统计，随着技术水平的提高，目前自动喷水灭火系统灭火控火成功率平均在 96%以上，像澳大利亚、新西兰国家灭火控火率达 99.8%，有些国家和地区甚至高达 100%。国内外自动喷水灭火系统的应用实践和资料证明，该系统除灭火控火成功率高以外，还具有安全可靠、经济实用、适用范围广、使用寿命长、在自动灭火的同时具有自动报警等优点。

1. 自动喷水灭火系统分类

根据系统中喷头开闭形式的不同，工程中通常将其分为闭式和开式自动喷水灭火系统两大类。闭式系统是指系统中喷头常闭，火灾发生后，在热环境作用下喷头打开喷水灭火。受保护场所的环境条件限定，闭式系统又分湿式系统、干式系统、预作用系统、重复启闭预作用系统等。开式系统中喷头常开，管网中平时无水，火灾发生时，系统由火灾探测装置启动，所有喷头同时喷水达到灭火或其他目的。根据使用目的不同，开式系统又分雨淋系统、水幕系统、水喷雾系统和自动喷水-泡沫联用系统等。

除此之外，根据保护对象的功能不同，自动喷水灭火系统还可分为暴露防护型系统和控灭火型系统，根据喷头的不同形式，可分为传统型(普通型)系统、洒水型系统、大水滴型系统和快速响应型系统等。

2. 系统组成、工作原理及适用场所

1)湿式自动喷水灭火系统

湿式自动喷水灭火系统是闭式系统中最基本的系统形式，其喷头常闭，报警阀前后管道中始终充满有压水，故称湿式系统。

(1)系统组成与工作原理：湿式自动喷水灭火系统由闭式洒水喷头、水流指示器、湿式报警阀、压力开关等组件及末端试水装置、管网和供水设施组成。火灾发生时，环境温度升高，闭式喷头内感温元件感应到后破裂或脱落，喷头打开，喷水灭火。管网中水流流动，触动水流指示器发出电信号，并指示出起火区域。同时报警阀后管网压力下降，在水源压力作用下湿式报警阀开启，供水至配水管网，并发出水力报警信号和电信号，启动消防水泵向系统加压供水，达到持续自动喷水灭火的目的。

(2)系统特点：湿式系统与其他喷水灭火系统相比，结构简单，施工和维护管理方便，使用可靠，灭火及时，扑救和控火效率高，建设投资少，管理费用低，适用范围广，是世界上使用时间最长、应用最广泛的一种灭火系统。但由于系统管网中充有有压水，当系统渗漏时，会损毁建筑装饰和影响建筑的使用。

(3)系统适用场所：适用于常年环境温度在4~70℃范围的能用水灭火的建筑物或构筑物内。

2)干式自动喷水灭火系统

干式自动喷水灭火系统是为了满足寒冷和高温场所安装自动灭火系统的需要，在湿式自动系统的基础上发展起来的。由于配水管网中平时没有水，而是充满了用于启动系统的有压气体，故称为干式系统。

(1)系统组成与工作原理：干式自动喷水灭火系统由闭式喷头、管道系统、干式报警阀、水流指示器、报警装置、充气设备、排气设备和供水设备等组成。火灾发生时，环境温度升高，闭式喷头内感温元件感应到后破裂或脱落。配水管内压缩空气首先被排出，导致干式报警阀后管网压力下降，而阀前压力较大，使报警阀开启。此时，水由供水管经报警阀流向配水管网，最后流至喷头，达到喷水灭火效果。同时，与报警阀相连的水力警铃和压力开关的报警信号管路被打开，发出声响报警信号，并启动消防水泵加压供水。

(2)系统特点：与湿式自动喷水灭火系统相比，干式自动喷水灭火系统增加了一套充气设备，使管网内的气压保持在一定范围内，因而投资较多，且管理较复杂。喷水前需排放管内气体，灭火速度不如湿式自动喷水灭火系统快。

(3)系统适用场所：干式喷水灭火系统由于报警阀后的管道中无水，不怕冻结，不怕环境温度高，因而适用于环境温度低于 4℃或高于 70℃的建筑物和场所。

3)干湿式自动喷水灭火系统

干湿式自动喷水灭火系统是在干式系统应用的基础上，为了克服干式系统控火灭火率较低的缺点而产生的一种交替式自动喷水灭火系统。

(1)系统组成与工作原理：干湿式自动喷水灭火系统由闭式喷头、管道系统、干式报警阀、湿式报警阀或干湿两用阀、报警装置、充气设备和供水设施等组成。干湿式系统是交替使用干式系统和湿式系统的一种闭式自动喷水灭火系统。在冬季，系统喷水管网中充以有压气体，工作原理同干式系统；在温暖季节，管网改为充水，工作原理同湿式系统。

(2)系统特点：其报警阀是采用干式报警阀和湿式报警阀串联而成的，也可采用干湿两用报警阀，可交替使用，可以克服干式效率低的问题。但是由于系统管网内交替使用水和气体，管道易受腐蚀。系统每年都需随季节变化来变换系统形式，管理上较其他系统复杂，但当气候条件允许时，可常年改为湿式系统使用。基于以上原因，干湿式系统近些年来在工程实践中逐渐被淘汰。

(3)系统适用场所：主要用于年采暖期少于 100 天的不采暖房间。对于环境温度小于 4℃或大于 70℃的小型区域，如建筑物中的局部小型冷藏室、温度超过 70℃的烘房、蒸汽管道等部位，当建筑物的其他部位采用湿式系统时，在这种特殊小区域可以在湿式系统上接设尾端干式系统或尾端干湿式系统。采用小型尾端干式系统或干湿式系统时，可以采用电磁阀代替干湿式报警阀和干式阀，同时设置可行的放空管道积水的设施。

4)预作用自动喷水灭火系统

预作用系统与干式系统一样，准工作状态时配水管道内不充水，但系统是由火灾自动报警系统启动雨淋或预作用报警阀。发生火灾时，火灾探测器报警后，自动控制系统控制阀门排气、充水，由干式转换为湿式系统。转换过程中含有灭火预备动作的功能，故称为预作用系统。

(1)系统组成与工作原理：预作用自动喷水灭火系统由配水管网中充以有压或无压气体的闭式系统和火灾自动探测控制系统组成，主要包括闭式喷头、预作用报警阀组、管道系统、充气设备、供水设备、火灾探测报警控制装置等。预作用系统在配水管路中充气的目的是监管管路的工作状态是否正常，即确保管路无损坏、无泄漏。出现故障时，管路中气压不断下降，压力开关发出报警信号，实现系统自动监控的目的。而火灾发生时，如果火灾探测器发生故障，没能发出报警信号启动预作用阀，则火源处温度的持续上升将使该处闭式喷头开启，管网气压迅速下降，此时压力开关会发出报警信号，通过消防控制盘也可以启动预作用阀，供水灭火。因此，对于充气式预作用系统，即使火灾探测器发生故障，预作用系统仍能正常工作。

火灾发生时，火灾探测器探测到火灾后发出报警信号，通过火灾报警控制箱开启预作用报警阀，同时启动电磁阀排气，使压力水迅速充满管道，完成预作用过程，当火源处温度继续上升，闭式喷头开启后立即喷水灭火。

(2)系统特点：预作用系统将电子技术和自动化技术相结合，同时具备干式系统和湿式系统的特点，由于其独特的功能和特点，有取代干式灭火系统的趋势；克服了干式喷水灭火系统控火灭火率低、湿式系统产生水渍的缺陷；可以代替干式系统提高灭火速度和效率，也可代替湿式系统，用于管道和喷头易于被损坏，产生误喷和漏水，造成严重水渍的场所。预作用系统还具备早期报警和自动检测功能，能随时发现系统中的渗漏和损坏情况，从而提高了系统的安全可靠性。但是预作用系统比湿式或干式系统多一套自动探测报警和自动控制系统，构造较复杂，建设投资多。

(3)系统适用场所：预作用系统可用于对自动喷水灭火系统安全要求较高或冬季结冰且不能采暖的建筑物内，也可用于不允许有误喷造成水渍损失或系统处于准工作状态时严禁管网漏水的建筑物中，如高级旅馆、医院、重要办公楼、大型商场、棉花和烟草的库房等。由于预作用系统的复杂性和投资大，通常用于不能使用干式系统或湿式系统的场所，或对系统安全程度要求较高的场所，这也是预作用系统没能得到广泛应用的原因。

5)重复启闭预作用系统

重复启闭预作用系统是一种全自动系统，最初国外是作为预作用系统的改进型进行研制的。该系统能在扑灭火灾后自动关阀，复燃时再次开阀喷水的预作用系统，又称为循环自动喷水灭火系统。

(1)系统组成与工作原理：重复启闭预作用系统的组成和工作原理与预作用系统相似，主要不同点是，将预作用阀(雨淋阀)改为循环启闭的水流控制阀，将普通火灾探测器改为循环火灾探测器，目的是实现系统循环启闭的功能。

火灾发生后，火灾探测器传送电信号到报警控制器，发出电动火警信号，并自动开启改进型雨淋阀，压力水进入管网，使系统成为湿式系统，同时闭式喷头开启喷水灭火。火扑灭后，环境温度降到60℃时，探测器传送电信号启动控制器中的定时器，使喷头喷水延时1~5min，确保完全控制火灾，防止探测器因被喷头喷水冷却而使循环失效。然后，电磁阀关闭，雨淋阀则随着压力平衡不断补水，将在1min内自动关闭。如果火灾复燃，重新开启探测器雨淋阀，重新开启放水，重复上述动作，水从已动作的喷头喷水灭火。

该系统也可用开式喷头，所以它不仅可代替预作用系统，同时也可代替原来的水喷雾系统、水幕系统和雨淋系统。采用开式喷头时，自动控制灭火指令的下达，必须探测系统输送两个独立的火灾信号；而采用闭式喷头时，控制系统只要接受一个火灾信号即可。

(2)系统特点：重复启闭预作用系统功能优于以往所有的喷水灭火系统，其应用范围广泛。系统在灭火后能自动关闭，节省消防用水，最重要的是能将由于灭火所造成的水渍损失减轻到最低限度。火灾后喷头的替换，可以在不关闭系统，系统仍处于工作状态的情况下马上进行，平时喷头或管网的损坏也不会造成水渍破坏。系统断电时，能自动切换，转用备用电池操作，如果电池在恢复供电前用完，电磁阀开启，系统转为湿式系统形式工作。循环启闭系统造价较高，而且火灾后环境改变，可能导致火灾探测器的可靠性受到一定影响，该系统目前只用在特殊场合，但随着喷头、感烟探测器的进一步发展，以及要求系统灭火后水渍损失减小的趋势，该系统将来有可能得以大力发展。

(3)系统适用场所：重复启闭预作用系统可设置在灭火过程中尽量减少灭火用水量且不宜使用化学灭火剂的场所。如果它与快速喷头结合，根据着火情况，往往只需要开放部分喷头就能及早将火灭掉，更能减少灭火用水量；如果再与水雾喷洒方式结合则更完美，重复启闭+水雾闭式喷头+快速响应，将会使灭火用水量最少，更有利于替代卤代烷灭火系统进行应用。

目前国内外已开始将重复启闭喷水灭火系统用于计算机房、图书馆、档案资料馆等防护场所，替代卤代烷灭火系统。

4.2.2.2　自动喷水灭火系统定额内容与标准规定

根据《广西壮族自治区安装工程费用定额》(2015)以及《广西壮族自治区安装工程消耗量定额》(2015)对自动喷水灭火系统进行工程量计算以及定额套用。自动喷水灭火系统工程量计算与定额套用主要参考常用册中的“给排水、燃气工程”以及“建筑智能化工程”进行。参考章节包括“给排水、燃气工程”中：①第一章管道安装；②第二章管道支架、套管及其他；③第三章管道附件；④第七章水灭火系统安装。与此同时，自动喷水灭火系统调试参考“建筑智能化工程”第八章火灾自动报警系统。

4.2.2.3　自动喷水灭火系统工程量计算与定额套用

针对自动喷水灭火系统工程量计算与定额套用工作，本节主要讨论自动喷水灭火系统管道安装、喷头、湿式报警装置、水流指示器、减压孔板、末端试水装置、集热板等系统组件安装、自动喷水灭火系统管网水冲洗、自动喷水灭火系统控制装置调试几个方面，具体如下：

1. 管道安装

1)定额参考标准

管道安装执行《广西壮族自治区安装工程费用定额》(2015)以及《广西壮族自治区安装工程消耗量定额》(2015)中“给排水、燃气工程”中第一章管道安装相应项目。

2)界限划分

(1)给水管道与市政管道划分以建筑物入口处阀门(水表井)为界，阀门以内执行安装工程定额，阀门以外的小区给水管网执行市政工程定额。

若建筑物入口处无总阀门(总水表井)，以设计施工图为准，设计施工图上配套于该建筑物范围内的给水管道执行安装工程定额，以外的小区给水管网执行市政工程定额。

(2)排水管道与市政管道划分以化粪池为界，化粪池以内执行安装工程定额，化粪池以外的小区排水管网执行市政工程定额。

3)工程量计算规则

(1)各种管道均按施工图所示中心长度，以“m”为计量单位，不扣除阀门、管件(包括减压器、疏水器、水表、伸缩器等组成安装)所占的长度。

(2)钢管(焊接)安装已含管件安装内容，DN300以内的钢管(焊接)安装定额已含管件费用，管径大于 DN300 的管件主材费另行计算。

(3)不锈钢管、铜管安装已包含管件安装内容，但管件费用按实际数量另行计算。

(4)化粪池前的室外排水管道安装以“延长米”计算，应扣除各种井类所占的长度：检查井规格为 ϕ700 时，扣除长度为 0.4m；检查井规格为 ϕ1000 时，扣除长度为 0.7m。

(5)室内给排水管道与卫生器具连接的分界线：给水管道工程量计算至卫生器具(含附件)前与管道系统连接的第一个连接件(角阀、冲洗阀、三通、弯头、管箍等)止。

(6)排水管道工程量自卫生器具出口处的地面或墙面的设计尺寸算起；与地漏连接的排水管道自地面设计尺寸算起，不扣除地漏所占长度。

2. 系统组件安装

1)喷头安装

喷头安装按有吊顶、无吊顶，隐藏式分别以“个”为计量单位。

2)湿式报警装置安装

报警装置安装按成套产品以“组”为计量单位。成套产品包括的内容详见下表。其他报警装置适用于雨淋、干湿两用及预作用报警装置，其安装执行湿式报警装置安装定额，其人工乘以系数 1.2，其余不变。成套产品包括的内容详见表 4-8。

表 4-8　**成套产品包括的内容**

序号	项目名称	型号	包 括 内 容
1	湿式报警装置	ZSS	湿式阀、供水压力表、装置压力表、试验阀，泄放试验阀、泄放试验管、试验管流量计、过滤器、延时器、水力警铃、报警截止阀、漏斗、压力开关
2	干湿两用报警装置	ZSL	两用阀、装置截止阀、加速器、加速器压力表、供水压力表、试验阀、泄放阀、泄放试验阀(湿式)、泄放试验阀(干式)、挠性接头、试验管流量计、排气阀、截止阀、漏斗、过滤器、延时器，水力警铃、压力开关
3	电动雨淋报警装置	ZSY1	雨淋阀、压力表、泄放试验阀、流量表、截止阀、注水阀、止回阀、电磁阀、排水阀、应急手动球阀、报警试验阀、漏斗、压力开关、过滤器、水力警铃
4	预作用报警装置	ZSU	干式报警阀、压力表(2 块)、流量表、截止阀、排放阀、注水阀、止回阀、泄放阀、报警试验阀、液压切断阀、气压开关(2 个)、试压电磁阀、应急手动试压器、漏斗、过滤器、水力警铃

3)水流指示器安装、减压孔板安装

水流指示器、减压孔板安装，按不同规格均以“个”为计量单位。

4)末端试水装置安装

末端试水装置按不同规格均以“组”为计量单位。

5)集热板制作、安装

集热板制作安装均以“个”为计量单位。

3. 自动喷水灭火系统管网水冲洗

管道消毒、冲洗和压力试验适用于管道安装中发生二次或二次以上消毒、冲洗和压力试验时使用。所有给、排水管道安装定额已含一次管道消毒、冲洗和压力试验，无特殊要求，不得另行计算。

设计和规范中有要求的，管道单独的消毒、冲洗、压力试验，均按管道长度以“m”为计量单位，不扣除阀门、管件所占的长度。

4. 自动喷水灭火系统控制装置调试

自动喷水灭火系统调试，按水流指示器、湿式报警阀水压力开关数量以“点(支路)”为计量单位；消防水炮控制装置系统调试按水炮数量以“点”为计量单位。

任务4.3 消防给水排水工程施工图预算编制

4.3.1 基本知识

4.3.1.1 施工图预算概述

施工图预算，是在设计的施工图完成以后，以施工图为依据，根据预算定额、费用标准以及工程所在地区的人工、材料、施工机械设备台班的预算价格编制的，是确定建筑工程、安装工程预算造价的文件。

施工图预算在我国是建筑企业和建设单位签订承包合同、实行工程预算包干、拨付工程款和办理工程结算的依据，也是建筑企业控制施工成本、实行经济核算和考核经营成果的依据。在实行招标承包制的情况下，施工图预算是建设单位确定招标控制价和建筑企业投标报价的依据。施工图预算是关系建设单位和建筑企业经济利益的技术经济文件，如在执行过程中发生经济纠纷，应按合同经协商或仲裁机关仲裁，或按民事诉讼等其他法律规定的程序解决。

施工图预算包括单位工程预算、单项工程预算和建设项目总预算。首先根据施工图设计文件、现行预算定额、费用定额，以及人工、材料、设备、机械台班等预算价格资料，以一定方法编制单位工程的施工图预算；汇总所有各单位工程施工图预算，成为单项工程施工图预算；然后再汇总各所有单项工程施工图预算，便构成一个建设项目建筑安装工程的总预算。

开展施工图预算工作有利于投资方控制造价，合理使用资金，确定工程招标控制价，以及依据施工图预算拨付工程款及办理工程结算。对于施工企业来说，施工图预算是投标报价、建筑工程包干和签订施工合同的主要依据，也是施工企业安排调配施工力量、组织材料供应、控制工程成本的依据。对于工程咨询单位，可为委托方编制施工图预算提供客观、准确的信息，强化投资方对工程造价的控制，有利于节省投资，提高建设项目的投资效益。对于工程造价管理部门，施工图预算是其监督检查执行定额标准、合理确定工程造价、测算工程造价指数及审定工程招标控制价的重要依据。

建设项目总预算是反映施工图设计阶段建设项目投资总额的造价文件。具体包括：建筑安装工程费、设备及工器具购置费、工程建设其他费用、预备费、资金筹措费及铺底流动资金。施工图总预算应控制在已批准的设计总概算投资范围以内。

单项工程综合预算由构成该单项工程的各个单位工程施工图预算组成。其编制的费用项目是各单项工程的建筑安装工程费和设备及工器具购置费总和。

单位工程预算是依据单位工程施工图设计文件、现行预算定额，以及人工、材料和施工机械台班价格等，按照规定的计价方法编制的工程造价文件。包括：单位建筑工程预算，单位设备及安装工程预算。

4.3.1.2　施工图预算的费用组成

按费用构成要素划分，建筑安装工程费用项目可分为人工费、材料费、施工机具使用费、企业管理费、利润、规费和税金。

(1)人工费，是指按工资总额构成规定，支付给从事建筑安装工程施工的生产工人和附属生产单位工人的各项费用。一般包括：①计时工资或计件工资；②奖金；③津贴补贴；④加班加点工资；⑤特殊情况下支付的工资。

(2)材料费，是指施工过程中耗费的构成工程实体的原材料、辅助材料、构配件、零件、半成品或成品、工程设备(工程设备是指构成或计划构成永久工程一部分的机电设备、金属结构设备、仪器装置及其他类似的设备和装置)的费用，一般包括：①材料原价(或供应价格)；②运杂费；③运输损耗费；④采购及保管费。

(3)施工机具使用费，是指施工作业所发生的施工机械、仪器仪表使用费或其租赁费，一般包括：①施工机械使用费；②仪器仪表使用费。

(4)企业管理费，是指建筑安装企业组织施工生产和经营管理所需的费用。包括：①管理人员工资，具体是指按规定支付给管理人员的计时工资、奖金、津贴补贴、加班加点工资及特殊情况下支付的工资等；②办公费，具体是指企业管理办公用的文具、纸张、账表、印刷、邮电、书报、办公软件、现场监控、会议、水电、烧水和集体取暖降温(包括现场临时宿舍取暖降温)等费用；③差旅交通费，是指职工因公出差、调动工作的差旅费、住勤补助费，市内交通费和误餐补助费，职工探亲路费，劳动力招募费，职工退休、退职一次性路费，工伤人员就医路费，工地转移费，以及管理部门使用的交通工具的油料、燃料等费用；④固定资产使用费，是指管理和试验部门及附属生产单位使用的属于固定资产的房屋、设备、仪器等的折旧、大修、维修或租赁费；⑤工具用具使用费，是指企业施工生产和管理使用的不属于固定资产的工具、器具、家具、交通工具以及检验、试验、测绘、消防用具等的购置、维修和摊销费；⑥劳动保险和职工福利费，是指由企业支付的职工退职金、按规定支付给离休干部的经费、集体福利费、夏季防暑降温、冬季取暖补贴、上下班交通补贴等。

(5)利润，是指施工企业完成所承包工程获得的盈利。

(6)规费，包括社会保险费、住房公积金和工程排污费。

(7)税金，是指国家税法规定的应计入建筑安装工程造价内的营业税、城市维护建设税、教育费附加以及地方教育附加。

若按造价形成划分，建筑安装工程费用项目可由分部分项工程费、措施项目费、其他项目费、规费和税金组成。分部分项工程费指各专业工程的分部分项工程应予列支的各项费用(人工费、材料费、机械费、企业管理费、利润)，包括：①专业工程；②分部分项工程。措施项目费指为完成建设工程施工，发生于该工程施工前和施工过程中的技术、生活、安全、环境保护等方面的费用，包括：①安全文明施工费；②夜间施工增加费；③二次搬运费；④冬雨季施工增加费；⑤已完工程及设备保护费；⑥工程定位复测费；⑦特殊地区施工增加费；⑧大型机械设备进出场及安拆费；⑨脚手架工程费。其他项目费包括：①暂列金额：建设单位在工程量清单中暂定并包括在工程合同价款中的一笔款项。用于施工合同签订时尚未确定或者不可预见的所需材料、工程设备、服务的采购，施工中可能发生的工程变更、合同约定调整因素出现时的工程价款调整以及发生的索赔、现场签证确认等的费用；②计日工：在施工过程中，施工企业完成建设单位提出的施工图以外的零星项目或工作所需的费用。规费定义同按构成要素划分的规费。税金定义同按构成要素划分的税金。

4.3.2 消防给水排水工程施工图预算编制依据和程序

消防给水排水工程施工图预算编制依据包括以下几个方面：

(1)国家、行业和地方有关规定；

(2)相应工程造价管理机构发布的预算定额；

(3)施工图设计文件及相关标准图集和规范；

(4)项目招标文件、合同、协议、经批准的设计概算文件、预算工作手册等；

(5)工程所在地的人工、材料、设备、施工机械市场价格；

(6)施工组织设计和施工方案；

(7)项目的管理模式、发包模式及施工条件；

(8)其他应提供的资料。

施工图预算编制方法包括：定额单价法、工程量清单单价法、实物量法。其中，定额单价法是用事先编制好的分项工程的定额单价表来编制施工图预算的方法。根据施工图设计文件和预算定额，按分部分项工程顺序先计算出分项工程量，然后乘以对应的定额单价，求出分项工程人、料、机费用；将分项工程人、料、机费用汇总为单位工程人、料、机费用；汇总后，另加企业管理费、利润、规费和税金生成单位工程的施工图预算；最后，将上述各单位工程费用汇总即为一般工程预算造价。工程量清单单价法是根据国家统一的工程量计算规则计算工程量，采用综合单价的形式计算工程造价的方法。我国目前实行的工程量清单计价采用的综合单价是部分费用综合单价，分部分项工程、措施项目、其他项目单价中综合了人、料、机费用和企业管理费、利润，以及一定范围内的风险费用，单价中未包括规费和税金，是不完全费用综合单价。以各分项工程量乘以部分费用综合单价的合价汇总，再加上项目措施费、其他项目费、规费和税金后，生成工程承发包价。实物量法是依据施工图和预算定额的项目划分及工程量计算规则，先计算出分部分项工程量，然后套用预算定额(实物量定额)来编制施工图预算的方法。实物量法编制施工图预算，主要是先计算出分部分项的实物工程量，分部套取预算定额中工、料、机消耗指标，并按类相加，求出单位工程所需的各种人工、材料、施工机械台班的总消耗量，然后分部乘以当时当地各种人工、材料、机械台班的单价，求得人工费、材料费和施工机械使用费，再汇总求和。对于企业管理费、利润等费用的计算则根据当时当地建筑市场供求关系情况予以具体确定。

施工图预算编制流程如下：

(1)准备资料，熟悉施工图。准备施工图、施工组织设计、施工方案、现行建筑按照定额、取费标准、统一工程量计算规则和地区材料预算价格等各种资料。在此基础上详细了解施工图，全面分析工程各分部分项工程，充分了解施工组织设计和施工方案，注意影响费用的关键因素。

(2)计算工程量。一般按如下步骤进行：

①根据工程内容和定额项目，列出需计算工程量的分部分项工程；

②根据一定的计算顺序和计算规则，列出分部分项工程量的计算式；

③根据施工图上的设计尺寸及有关数据，代入计算式进行数值计算；

④对计算结果的计量单位进行调整，使之与定额中相应的分部分项工程的计量单位保持一致。

(3)套用定额单价，计算人、料、机费用。核对工程量计算结果后，利用地区统一的分项工程定额单价，计算出分项工程合价，汇总求出单位工程人、料、机费用。

(4)编制工料分析表。根据各分部分项工程项目实物工程量和预算定额中所列的用工及材料数量，计算各分部分项工程所需人工及材料数量，汇总后算出该单位工程所需各类人工、材料的数量。

(5)按计价程序计取其他费用，并汇总造价。根据规定的税率、费率和相应的计取基础，分别计算企业管理费、利润、规费、税金。将上述费用累计后与人、料、机费用进行汇总，求出单位工程预算造价。

(6)复核。对项目填列、工程量计算公式、计算结果、套用的单价、采用的取费费率、数字计算、数据精确度等进行全面复核，以便及时发现差错，及时修改，提供预算的准确性。

(7)编制说明、填写封面。编制说明主要应写明预算所包括的工程内容范围、依据的施工图编号、承包方式、有关部门现行的调价文件号、套用单价需要补充说明的问题及其他需要说明的问题等。封面应写明工程编号、工程名称、预算总造价和单方造价、编制单位名称、负责人和编制日期以及审核单位的名称、负责人和审核日期等。

4.3.3　消防给水排水工程预算编制实例

图 4-3 所示为广西壮族自治区某仓库的消防自动喷水灭火系统图。该系统采用无吊顶 DN15 水喷头，在水管上装有安全信号阀和水流指示器，在立管底部装有安全信号总阀和湿式报警阀。自动喷水灭火系统采用镀锌钢管，安装喷头前对管网进行水冲洗。该系统采用单级离心泵从院内消防给水管网直接抽水供给方式，并配有 DN100 地上式消防水泵接

合器一套。系统末端有试水装置，检验系统水压。

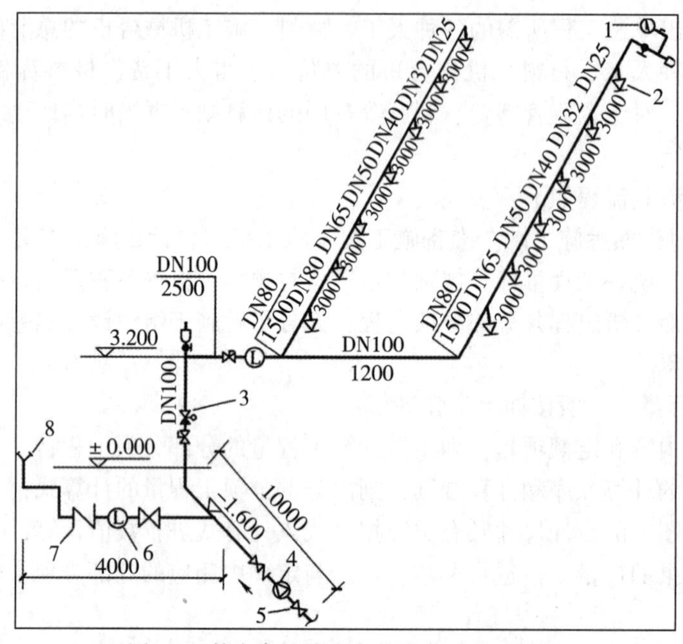

图4-3　某仓库的消防自动喷水灭火系统图

下面介绍预算编制步骤。

4.3.3.1　划分工程项目

根据《建筑工程施工质量验收统一标准》(GB 50300—2013)，建筑工程质量验收应划分为单位(子单位)工程、分部(子分部)工程、分项工程和检验批的质量验收。

1. 单位工程的划分原则

(1)具备独立施工条件并能形成独立使用功能的建筑物及构筑物为一个单位工程；

(2)建筑规模较大的单位工程，可将其能形成独立使用功能的部分为一个子单位工程。

2. 分部工程的划分原则

(1)分部工程的划分应按专业性质、建筑部位确定；

(2)当分部工程较大或较复杂时，可按材料种类、施工特点、施工程序、专业系统及类别等划分若干子分部工程；

(3)分项工程应按主要工程、材料、施工工艺、设备类别等进行划分。

以建设一所学校为例。建设项目：一所学校；单项工程：一栋教学楼；单位工程：土建、采暖、电气等；分部工程：主体工程、门窗工程、屋面工程等；分项工程：内墙、外墙等。因此，本案例自动喷水灭火系统属于单位工程。

4.3.3.2　计算自动喷水灭火系统的清单工程量

(1)工程量计算;
(2)列出工程量清单表。

4.3.3.3　套定额

(1)水喷淋镀锌钢管 DN100;
(2)水喷淋镀锌钢管 DN80;
(3)水喷淋镀锌钢管 DN65;
(4)水喷淋镀锌钢管 DN50;
(5)水喷淋镀锌钢管 DN40;
(6)水喷淋镀锌钢管 DN32;
(7)水喷淋镀锌钢管 DN25;
(8)DN100 自动喷水灭火系统管网冲洗;
(9)DN80 自动喷水灭火系统管网冲洗;
(10)DN65 自动喷水灭火系统管网冲洗;
(11)DN50 自动喷水灭火系统管网冲洗;
(12)无吊顶 DN15 水喷头;
(13)湿式报警器 DN100;
(14)水流指示器 DN100，法兰连接;
(15)末端试水装置 DN25;
(16)低压安全阀 DN100;
(17)低压法兰阀门 DN100;
(18)地上式消防水泵接合器 DN100;
(19)消防水泵(单级离心式，设备质量 1.5t)。

4.3.3.4　计算直接费

4.3.3.5　工程造价

(1)工程造价各项取费;
(2)工程造价计算。

4.3.3.6　预算编制说明

(1)工程概况：某仓库的消防自动喷水系统。
(2)编制依据：
《建筑工程施工质量验收统一标准》(GB 50300—2013);
《建设工程工程量清单计价规范》(GB 50500—2013);
《建筑安装工程费用项目组成》(建标〔2013〕44 号);

《江苏省建设工程费用定额》(苏建价〔2014〕299号)；

《全国统一安装工程预算定额》第七册《消防及安全防范设备安装工程》(GYD-207—2000)。

项目 5　消防给水排水工程安装实训指导

◎ **知识目标**：了解建筑给水系统的组成与分类，消防水泵的布置，储水池及水箱；掌握消防给水系统的管材及连接方式、给水管道的布置与敷设；掌握室内外消火栓系统的分类和组成，了解室外消火栓的布置和室外消防给水管网；掌握室内消火栓的设置、室内消火栓系统的类型；掌握消火栓设备的及设置要求；了解自动喷水灭火系统设置场所与危险等级划分；掌握自动喷水灭火系统的分类及适用范围；掌握自动喷水灭火系统组件及设置要求；了解雨淋灭火系统的工作原理及设置；掌握雨淋灭火系统的主要组件；了解水幕系统的工作原理掌握水幕系统的主要组件及设置要求；了解水喷雾灭系统的灭火原理及组成，细水雾系统类型及组件；了解消防排水及特殊消防排水的问题。

◎ **能力目标**：培养学生的自学能力和独立思考、分析和解决问题的能力；使学生具备应用消防给水排水工程基本知识；具备消防管材选择、管道布置的基本能力；具备选择室内外消火栓系统的设置场所的能力；具备选择自动喷水灭火系统的适用场所以及为自动喷水灭火系统选择系统组件的能力；具备选择雨淋灭火系统组件的能力；具备选择水喷雾灭火系统的应用场所的能力。

◎ **素质目标**：培养学生的工程思维，具备自主、开放学习的能力；培养学生消防安全意识，具备分析问题、解决问题的能力；具有良好的专业知识、专业技能和消防工程安全管理的实际工作能力；激发学生对专业的兴趣和就业的热情。

◎ **思政目标**：结合时代发展的要求，有机融入习近平新时代中国特色社会主义思想、社会主义核心价值观，培养学生守法、诚信、遵规的良好职业道德和职业素养，提升学生专业认同感和勇于担当社会责任的自觉的思政目标。

任务 5.1　消防给水系统安装实训

通过对实训室内的自动喷水系统的水泵(一主一备)、稳压系统、阀组(湿式阀、干式阀、预作用阀)、水流指示器、模块、各种喷头及相关阀门管件等进行拆卸、安装，系统联动操作及喷水试验，熟练掌握自动喷水灭火系统的工作原理、线路设计与连接、故障设置、判断与排除等实验和实训，并可与消防系统其他设备联网进行各种综合联动实训。下面介绍具体步骤。

5.1.1　设备安装

5.1.1.1　安装明杆闸阀及 Y 形过滤器

(1)将明杆闸阀与出水口对齐，套上对应卡箍；

(2)另一端与 Y 形过滤器对齐套上对应卡箍，使用扳手将两端卡箍锁紧；

5.1.1.2　安装压力表及橡胶软接头

(1)将机械三通套在已开好孔的管道上，使用扳手将卡箍螺栓拧紧；

(2)将压力表接头缠好生料带，置入机械三通接口，使用扳手将其拧紧；

(3)将挠性接头一端沟槽法兰用扳手拧紧固定，另一端同样使用扳手将需连接的卡箍及法兰拧紧固定至偏心异径管一端。

(4)偏心异径管的安装采用卡箍固定。

5.1.1.3　安装水泵

(1)将水泵置于基座上方，水泵底座放置减震垫片；

(2)将水泵进、出水口两端法兰对齐，使用扳手将其锁紧；

(3)锁紧固定水泵底座螺栓。

5.1.1.4　安装剩余部件

剩余部件均使用沟槽及法兰安装，安装方式均为卡箍及法兰拧紧固定，具体安装步骤如图 5-1、图 5-2 所示。

5.1.1.5　安装湿式报警阀组及喷头

(1)将信号蝶阀与给水立管使用卡箍进行连接安装；

(2)将阀体通过法兰与主管连接安装；

(3)将水力警铃、延时器接口缠好生料带，然后通过预留接口进行丝接安装；

(4)在阀体上方安装信号蝶阀，使用卡箍进行安装；

(5)在喷淋支管(DN65)的出水端安装信号蝶阀，使用卡箍进行安装；

(6)将水流指示器对准支管预留孔，然后将“U”形卡拧紧固定；

(7)将 DN65 转 DN32 大小头通过丝接方式安装在 DN65 喷淋支管末端；

(8)将 DN32 的三通通过丝接方式接入大小头，然后安装管网，各螺纹连接处安装前均需缠好生料带或涂上液体螺纹密封胶；

(9)将已组装好的喷淋头与管网上四通进行安装，安装方式为螺纹链接，使用扳手将其固定。

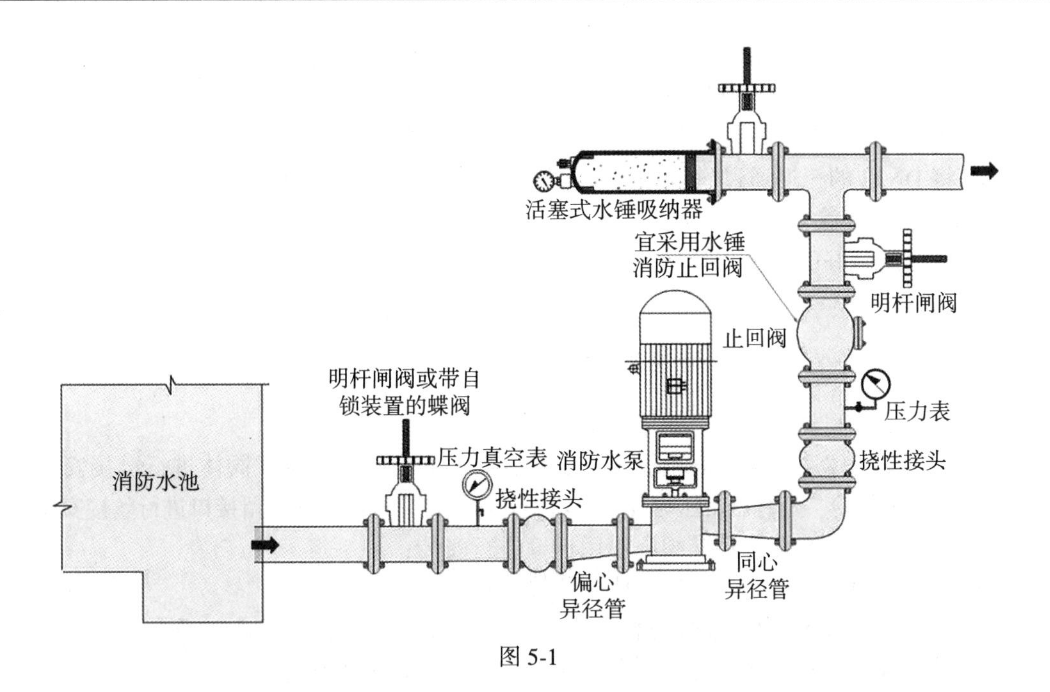

图 5-1

图 5-2

5.1.1.6　安装雨淋阀组及喷头

(1)将信号蝶阀与给水立管使用卡箍进行连接安装；

(2)将阀体通过卡箍与主管连接安装；

(3)将水力警铃、压力开关接口缠好生料带，然后通过预留接口进行丝接安装；

(4)在阀体上方安装信号蝶阀，使用卡箍进行安装；

(5)在支管(DN65)的出水端安装信号蝶阀，使用卡箍进行安装；

(6)将水流指示器对准支管预留孔，然后将U形卡拧紧固定；

(7)将DN65转DN32大小头通过丝接方式安装在DN65支管末端；

(8)将DN32的三通通过丝接方式接入大小头，然后安装管网，各螺纹连接处安装前均需缠好生料带或涂上液体螺纹密封胶；

(9)将已组装好的喷头与管网上四通进行安装，安装方式为螺纹链接，使用扳手将其固定。

5.1.1.7　安装预作用阀组及喷头

(1)将信号蝶阀与给水立管使用卡箍进行连接安装；

(2)将雨淋阀体通过法兰与主管连接安装，上端通过法兰与湿式阀体进行链接安装；

(3)将水力警铃、延时器、压力开关接口缠好生料带，然后通过预留接口进行丝接安装；

(4)在阀体上方安装信号蝶阀，使用卡箍进行安装；

(5)将预作用充气管接入雨淋阀体预留接口；

(6)在支管(DN65)的出水端安装信号蝶阀，使用卡箍进行安装；

(7)将水流指示器对准支管预留孔，然后将"U"形卡拧紧固定；

(8)将DN65转DN32大小头通过丝接方式安装在DN65支管末端；

(9)将DN32的三通通过丝接方式接入大小头，然后安装管网，各螺纹连接处安装前均需缠好生料带或涂上液体螺纹密封胶；

(10)将已组装好的喷头与管网上四通进行安装，安装方式为螺纹连接，使用扳手将其固定。

5.1.2　主要设备、机具

主要设备、机具见表5-1。

表5-1　**主要设备、机具**

序号	名称	用　途	备注
1	套丝机	消防管材螺纹加工，适用管径DN15~DN100	
2	滚槽机	消防管材压槽加工，适用管径DN50~DN200	
3	切管机	消防管材切割加工，适用管径DN65~DN250	
4	管钳	用于管材丝接安装时固定管材及管件	
5	电动套筒扳手	用于紧固钢卡、法兰等部件螺栓	
6	手动扳手	用于紧固钢卡、法兰等部件螺栓	
7	激光水平仪	用于设备安装定位	
8	电锤	用于墙体、地面钻孔	
9	卷尺	用于标记材料长度	

任务5.2　消防管道与设备的强度试验、压力测试

5.2.1　压力管道的闭水试验

给排水管道安装完成后，应按下列要求进行管道功能性试验：

(1)压力管道应按规定进行压力管道水压试验，试验分为预试验和主试验阶段；试验合格的判定依据分为允许压力降值和允许渗水量值，按设计要求确定；设计无要求时，应根据工程实际情况，选用其中一项值或同时采用两项值作为试验合格的最终判定依据；

(2)无压管道应按规定进行管道的严密性试验，严密性试验分为闭水试验和闭气试验，按设计要求确定；设计无要求时，应根据实际情况选择闭水试验或闭气试验进行管道功能性试验；

(3)压力管道水压试验进行实际渗水量测定时，宜采用注水法。

管道功能性试验涉及水压、气压作业时，应有安全防护措施，作业人员应按相关安全作业规程进行操作。管道水压试验和冲洗消毒排出的水，应及时排放至规定地点，不得影响周围环境和造成积水，并应采取措施确保人员、交通通行和附近设施的安全。

压力管道水压试验或闭水试验前，应做好水源的引接、排水的疏导等方案。向管道内注水应从下游缓慢注入，注入时，在试验管段上游的管顶及管段中的高点应设置排气阀，将管道内的气体排除。冬期进行压力管道水压及闭水试验时，应采取防冻措施。单口水压试验合格的大口径球墨铸铁管、玻璃钢管、预应力钢筒混凝土管或预应力混凝土管等管道，设计无要求时应符合下列要求：

(1)压力管道可免去预试验阶段，而直接进行主试验阶段；

(2)无压管道应认同严密性试验合格，无需进行闭水或闭气试验。

全断面整体现浇的钢筋混凝土无压管渠处于地下水位以下时，除设计有要求外，管渠的混凝土强度、抗渗性能检验合格，并按规定进行检查符合设计要求时，可不必进行闭水试验。

管道采用两种(或两种以上)管材时，宜按不同管材分别进行试验；不具备分别试验的条件时，必须组合试验，设计无具体要求时，应采用不同管材的管段中试验控制最严的标准进行试验。

压力管道水压试验的管段长度不宜大于1km；无压力管道的闭水试验，条件允许时，可一次试验不超过5个连续井段；对于无法分段试验的管道，应由工程有关方面根据工程具体情况确定。

给水管道必须经水压试验合格，在并网运行前进行冲洗与消毒，经检验水质达到标准后，方可允许并网通水投入运行。

污水、雨污水合流管道及湿陷土、膨胀土、流砂地区的雨水管道，必须经严密性试验合格后方可投入运行。

水压试验前，施工单位应编制的试验方案，其内容应包括：后背及堵板的设计；进水管路、排气孔及排水孔的设计；加压设备、压力计的选择及安装的设计；排水疏导措施；

升压分级的划分及观测制度的规定；试验管段的稳定措施和安全措施。

试验管段的后背应设在原状土或人工后背上，土质松软时应采取加固措施；后背墙面应平整并与管道轴线垂直。

采用钢管、化学建材管的压力管道，管道中最后一个焊接接口完毕一个小时以上方可进行水压试验。

水压试验管道内径大于或等于600mm时，试验管段端部的第一个接口应采用柔性接口，或采用特制的柔性接口堵板。

水压试验采用的设备、仪表规格及其安装应符合下列规定：①采用弹簧压力计时，精度不应低于1.5级，最大量程宜为试验压力的1.3～1.5倍，表壳的公称直径不宜小于150mm，使用前经校正并具有符合规定的检定证书；②水泵、压力计应安装在试验段的两端部与管道轴线相垂直的支管上。

开槽施工管道试验前，附属设备安装应符合下列规定：①非隐蔽管道的固定设施已按设计要求安装合格；②管道附属设备已按要求紧固、锚固合格；③管件的支墩、锚固设施混凝土强度已达到设计强度；④未设置支墩、锚固设施的管件，应采取加固措施并检查合格。

水压试验前，管道回填土应符合下列规定：①管道安装检查合格后，应按规定回填土；②管道顶部回填土宜留出接口位置以便检查渗漏处。

水压试验前准备工作应符合下列规定：①试验管段所有敞口应封闭，不得有渗漏水现象；②试验管段不得用闸阀做堵板，不得含有消火栓、水锤消除器、安全阀等附件；③水压试验前应清除管道内的杂物。

试验管段注满水后，宜在不大于工作压力条件下充分浸泡后再进行水压试验，浸泡时间应符合表5-2中的规定。

表5-2　**压力管道水压试验前浸泡时间**

<table>
<tr><th>管材种类</th><th>管径内径 D_i(mm)</th><th>浸泡时间(h)</th></tr>
<tr><td>球墨铸铁管(有水泥砂浆衬里)</td><td>D_i</td><td>≥24</td></tr>
<tr><td>钢管(有水泥砂浆衬里)</td><td>D_i</td><td>≥24</td></tr>
<tr><td>化学建材管</td><td>D_i</td><td>≥24</td></tr>
<tr><td rowspan="2">现浇钢筋混凝土管渠</td><td>$D_i \leqslant 1000$</td><td>≥48</td></tr>
<tr><td>$D_i > 1000$</td><td>≥72</td></tr>
<tr><td rowspan="2">预(自)应力混凝土管、预应力钢筒混凝土管</td><td>$D_i \leqslant 1000$</td><td>≥48</td></tr>
<tr><td>$D_i > 1000$</td><td>≥72</td></tr>
</table>

水压试验应符合下列规定：

(1)试验压力应按表5-3选择确定。

表 5-3　　　　　　　　**压力管道水压试验的试验压力**　　　　　　　　（单位：MPa）

<table>
<tr><th>管 材 种 类</th><th>工作压力 P</th><th>试验压力</th></tr>
<tr><td>钢管</td><td>P</td><td>P+0. 5，且不小于 0. 9</td></tr>
<tr><td rowspan="2">球墨铸铁管</td><td>≤0. 5</td><td>2P</td></tr>
<tr><td>>0. 5</td><td>P+0. 5</td></tr>
<tr><td rowspan="2">预(自)应力混凝土管、预应力钢筒混凝土管</td><td>≤0. 6</td><td>1. 5P</td></tr>
<tr><td>>0. 6</td><td>P+0. 3</td></tr>
<tr><td>现浇钢筋混凝土管渠</td><td>≥0. 1</td><td>1. 5P</td></tr>
<tr><td>化学建材管</td><td>≥0. 1</td><td>1. 5P，且不小于 0. 8</td></tr>
</table>

(2)预试验阶段：将管道内水压缓缓地升至试验压力并稳压 30min，如有压力下降可注水补压，但不得高于试验压力；检查管道接口、配件等处有无漏水、损坏现象；有漏水、损坏现象时应及时停止试压，查明原因并采取相应措施后重新试压。

(3)主试验阶段：停止注水补压，稳定 15min；当 15min 后压力下降不超过表 5-4 中所列允许压力降数值时，将试验压力降至工作压力并保持恒压 30min，进行外观检查若无漏水现象，则水压试验合格。

表 5-4　　　　　　　　**压力管道水压试验的允许压力降**　　　　　　　　（单位：MPa）

<table>
<tr><th>管 材 种 类</th><th>试验压力</th><th>允许压力降</th></tr>
<tr><td>钢管</td><td>P+0. 5，且不小于 0. 9</td><td>0</td></tr>
<tr><td rowspan="2">球墨铸铁管</td><td>2P</td><td rowspan="5">0. 03</td></tr>
<tr><td>P+0. 5</td></tr>
<tr><td rowspan="2">预(自)应力钢筋混凝土管、预应力钢筋混凝土管</td><td>1. 5P</td></tr>
<tr><td>P+0. 3</td></tr>
<tr><td>现浇钢筋混凝土管</td><td>1. 5P</td></tr>
<tr><td>化学建材管</td><td>1. 5P，且不小于 0. 8</td><td>0. 02</td></tr>
</table>

(4)管道升压时，管道的气体应排除，升压过程中，发现弹簧压力计表针摆动、不稳，且升压较慢时，应重新排气后再升压。

(5)应分级升压，每升一级应检查后背、支墩、管身及接口，无异常现象时再继续升压。

(6)水压试验过程中，后背顶撑、管道两端严禁站人。

(7)水压试验时，严禁修补缺陷；遇有缺陷时，应做出标记，卸压后修补。

压力管道采用允许渗水量进行最终合格判定依据时，实测渗水量应小于或等于表 5-5 中允许渗水量。

表 5-5　　　　　　　　　　　**压力管道水压试验的允许渗水量**

管道内径 D_i (mm)	允许渗水量[L/(min·km)]		
	焊接接口钢管	球墨铸铁管、玻璃钢管	预(自)应力混凝土管、预应力钢筒混凝土管
100	0.28	0.70	1.40
150	0.42	1.05	1.72
200	0.56	1.40	1.98
300	0.85	1.70	2.42
400	1.00	1.95	2.80
600	1.20	2.40	3.14
800	1.35	2.70	3.96
900	1.45	2.90	4.20
1000	1.50	3.00	4.42
1200	1.65	3.30	4.70
1400	1.75	—	5.00

①当管道内径大于表规定时，实测渗水量应小于或等于按下列公式计算的允许渗水量：

钢管：

$$q = 0.05\sqrt{D_i}$$

球墨铸铁管(玻璃钢管)：

$$q = 0.1\sqrt{D_i}$$

预(自)应力混凝土管、预应力钢筒混凝土管：

$$q = 0.14\sqrt{D_i}$$

②现浇钢筋混凝土管渠实测渗水量应小于或等于按下式计算的允许渗水量：

$$q = 0.014D_i$$

③硬聚氯乙烯管实测渗水量应小于或等于按下式计算的允许渗水量：

$$q = 3 \cdot \frac{D_i}{25} \cdot \frac{P}{0.3a} \cdot \frac{1}{1440}$$

式中：q——允许渗水量[L/(min·km)]；

D_i——管道内径(mm)；

P——压力管道的工作压力(MPa)；

α——温度-压力折减系数；当试验水温为0°~25°时，α 取1；为25°~35°时，α 取0.8；为35°~45°时，α 取0.63。

聚乙烯管、聚丙烯管及其复合管的水压试验除应符合的规定外，其预试验、主试验阶段应按下列规定执行：

(1)预试验阶段：按规定完成后，应停止注水补压并稳定30min；当30min后压力下降不超过试验压力的 70%，则预试验结束；否则重新注水补压并稳定 30min 再进行观测，直至 30min 后压力下降不超过试验压力的 70%。

(2)主试验阶段应符合下列规定：

①在预试验阶段结束后，迅速将管道泄水降压，降压量为试验压力的 10%~15%；期间应准确计量降压所泄出的水量(ΔV)，并按下式计算允许泄出的最大水量 ΔV_{max}：

$$\Delta V_{max} = 1.2V\Delta P\left(\frac{1}{E_w} + \frac{D_i}{e_n E_p}\right)$$

式中：V——试压管段总容积(L)；

ΔP——降压量(MPa)；

E_w——水的体积模量，不同水温时 E_w 值可按表 5-6 采用；

E_p——管材弹性模量(MPa)，与水温及试压时间有关；

D_i——管材内径(m)；

e_n——管材公称壁厚(m)。

$\Delta V > \Delta V_{max}$时应停止试压，排除管内过量空气，再从预试验阶段开始重新试验。

表 5-6　**表温度与体积模量关系**

温度(℃)	体积模量(MPa)	温度(℃)	体积模量(MPa)
5	2080	20	2170
10	2110	25	2210
15	2140	30	2230

②每隔 3min 记录一次管道剩余压力，应记录 30min；30min 内管道剩余压力有上升趋势时，则水压试验结果合格。

③30min 内管道剩余压力无上升趋势时，则应持续观察 60min；整个 90min 内压力下降不超过 0.02MPa，则水压试验结果合格。

④主试验阶段上述两条均不能满足时，则水压试验结果不合格，应查明原因并采取相应措施后再重新组织试压。

大口径球墨铸铁管、玻璃钢管及预应力钢筒混凝土管道的接口单口水压试验应符合下列规定：

(1)安装时，应注意将单口水压试验用的进水口(管材出厂时已加工)置于管道顶部；

(2)管道接口连接完毕后进行单口水压试验，试验压力为管道设计压力的 2 倍，且不得小于 0.2MPa；

(3)试压采用手提式打压泵，管道连接后将试压嘴固定在管道承口的试压孔上，连接试压泵，将压力升至试验压力，恒压 2min，无压力降为合格；

(4)试压合格后，取下试压嘴，在试压孔上拧上 M10×20mm 不锈钢螺栓并拧紧；

(5)水压试验时应先排净水压腔内的空气；

(6)单口试压不合格且确定是接口漏水时，应马上拔出管节，找出原因，重新安装，直至符合要求为止。

5.2.2　无压管道的闭水试验

闭水试验法应按设计要求和试验方案进行。试验管段应按井距分隔，抽样选取，带井试验。无压管道闭水试验时，试验管段应符合下列规定：①管道及检查井外观质量已验收合格；②管道未回填土且沟槽内无积水；③全部预留孔应封堵，不得渗水；④管道两端堵板承载力经核算应大于水压力的合力；除预留进出水管外，应封堵坚固，不得渗水；⑤顶管施工，其注浆孔封堵且管口按设计要求处理完毕，地下水位于管底以下。

管道闭水试验应符合下列规定：①试验段上游设计水头不超过管顶内壁时，试验水头应以试验段上游管顶内壁加2m计；②试验段上游设计水头超过管顶内壁时，试验水头应以试验段上游设计水头加2m计；③计算出的试验水头小于10m，但已超过上游检查井井口时，试验水头应以上游检查井井口高度为准；④管道闭水试验应按规定进行。

管道闭水试验时，应进行外观检查，不得有漏水现象，且符合下列规定时，管道闭水试验为合格：

(1)实测渗水量小于或等于表5-7中规定的允许渗水量；

(2)管道内径大于表5-7中规定时，实测渗水量应小于或等于按下式计算的允许渗水量：

$$q = 1.25\sqrt{D_i}$$

(3)异形截面管道的允许渗水量可按周长折算为圆形管道计；

(4)化学建材管道的实测渗水量应小于或等于按下式计算的允许渗水量：

$$q \leqslant 0.0046D_i$$

式中：q——允许渗水量[$m^3/(24h \cdot km)$]；

D_i——管道内径(mm)。

表5-7　　无压力管道闭水试验允许渗水量

管　材	管径 D_i(mm)	允许渗水量 q[$m^3/(24h \cdot km)$]
钢筋混凝土管	200	17.60
	300	21.62
	400	25.00
	500	27.95
	600	30.60
	700	33.00
	800	35.35
	900	37.50

续表

管　材	管径 D_i(mm)	允许渗水量 q[m³/(24h·km)]
钢筋混凝土管	1000	39.52
	1100	41.45
	1200	43.30
	1300	45.00
	1400	46.70
	1500	48.40
	1600	50.00
	1700	51.50
	1800	53.00
	1900	54.48
	2000	55.90

当管道内径大于 700mm 时，可按管道井段数量抽样选取 1/3 进行试验；试验不合格时，抽样井段数量应在原抽样基础上加倍进行试验。不开槽施工的内径大于或等于 1500mm 钢筋混凝土结构管道，设计无要求且地下水位高于管道顶部时，可采用内渗法测渗水量；渗漏水量测方法按相关规定进行，符合下列规定时，则管道抗渗性能满足要求，不必再进行闭水试验：①管壁无线流、滴漏现象；②对有水珠、渗水部位应进行抗渗处理；③管道内渗水量允许值：$q \leqslant 2L/(m^2 \cdot d)$。

5.2.3　无压管道的闭气试验

闭气试验适用于混凝土类的无压管道在回填土前进行的严密性试验。闭气试验时，地下水位应低于管外底 150mm，环境温度为-15～50℃。下雨时不得进行闭气试验。闭气试验合格标准应符合下列规定：

(1)规定标准闭气试验时间符合表 5-8 的规定，如管内实测气体压力 $P \geqslant 1500$Pa，则管道闭气试验合格。

(2)被检测管道内径大于或等于 1600mm 时，应记录测试时管内气体温度(℃)的起始值 T_1 及终止值 T_2，并记录达到标准闭气时间时的管内压力值 P，用下列公式加以修正，修正后管内气体压降值为 ΔP：

$$\Delta P = 103300 - (P + 101300)(273 + T_1)/(273 + T_2)$$

当 $\Delta P < 500$Pa 时，管道闭气试验合格。

(3)管道闭气试验不合格时，应进行漏气检查、修补后复检。

(4)闭气试验装置及程序。

表 5-8　　钢筋混凝土无压管道闭气检验规定标准闭气时间

管道 DN(mm)	管内气体压力(Pa)		规定标准闭气时间 S
	起点压力	终点压力	
300	—	—	1′45″
400			2′30″
500	2000	≥1500	3′15″
600			4′45″
700			6′15″
800			7′15″
900			8′30″
1000			10′30″
1100			12′15″
1200			15′
1300			16′45″
1400			19′
1500			20′45″
1600			22′30″
1700			24′
1800			25′45″
1900			28′
2000			30′
2100			32′30″
2200			35′

5.2.4　注水法试验

压力升至试验压力后开始计时，每当压力下降，应及时向管道内补水，但最大压降不得大于 0.03MPa，保持管道试验压力恒定，恒压延续时间不得少于 2h，并计量恒压时间内补入试验管段内的水量；实测渗水量应按下列公式计算：

$$q = \frac{W}{T \cdot L} \times 1000$$

式中：q——实测渗水量[L/(min · km)]；

W——恒压时间内补入管道的水量(L)；

T——从开始计时至保持恒压结束的时间(min)；

L——试验管段的长度(m)。

注水法试验应按表 5-9 进行记录。

表 5-9 **注水法试验记录表**

<table>
<tr><td colspan="2">工程名称</td><td colspan="2"></td><td colspan="2">试验日期</td><td>年 月 日</td></tr>
<tr><td colspan="2">桩号及地段</td><td colspan="5"></td></tr>
<tr><td colspan="2">管道内径(mm)</td><td colspan="2">管材种类</td><td colspan="2">接口种类</td><td>试验段长度(m)</td></tr>
<tr><td colspan="2"></td><td colspan="2"></td><td colspan="2"></td><td></td></tr>
<tr><td colspan="2">工作压力(MPa)</td><td colspan="2">试验压力(MPa)</td><td colspan="2">15min 降压值(MPa)</td><td>允许渗水量[L/(min·km)]</td></tr>
<tr><td colspan="2"></td><td colspan="2"></td><td colspan="2"></td><td></td></tr>
<tr><td rowspan="7">渗水量测定记录</td><td>次数</td><td>达到试验压力的时间 t_1</td><td>恒压结束时间 t_2</td><td>恒压时间 T(min)</td><td>恒压时间内补入的水量 W(L)</td><td>实测渗水量 q[L/(min·m)]</td></tr>
<tr><td>1</td><td></td><td></td><td></td><td></td><td></td></tr>
<tr><td>2</td><td></td><td></td><td></td><td></td><td></td></tr>
<tr><td>3</td><td></td><td></td><td></td><td></td><td></td></tr>
<tr><td>4</td><td></td><td></td><td></td><td></td><td></td></tr>
<tr><td>5</td><td></td><td></td><td></td><td></td><td></td></tr>
<tr><td colspan="6">折合平均实测渗水量[L/(min·km)]</td></tr>
<tr><td colspan="2">外观</td><td colspan="5"></td></tr>
<tr><td colspan="2">评语</td><td colspan="5"></td></tr>
</table>

施工单位： 试验负责人：

监理单位： 设计单位：

使用单位： 记录员：

5.2.5 闭水法试验

闭水法试验应符合下列程序：

(1)试验管段灌满水后浸泡时间不应少于 24h；

(2)试验水头应《给水排水管道工程施工及验收规范》(GB 50268—2008)的规定确定；

(3)试验水头达规定水头时开始计时，观测管道的渗水量，直至观测结束时，应不断地向试验管段内补水，保持试验水头恒定。渗水量的观测时间不得小于 30min；

(4)实测渗水量应按下式计算：

$$q = \frac{W}{T \cdot L}$$

式中：q——实测渗水量[L/(min·m)]；

W——补水量(L)；

T——实测渗水观测时间(min)；

L——试验管段的长度(m)。

闭水试验应按表5-10进行记录。

表5-10　　**管道闭水试验记录表**

工程名称				试验日期	年　月　日	
桩号及地段						
管道内径(mm)		管材种类	接口种类		试验段长度(m)	
试验段上游设计水头(m)		试验水头(m)	允许渗水量[m^3/(24h·km)]			
渗水量测定记录	次数	观测起始时间 T_1	观测结束时间 T_2	恒压时间 T(min)	恒压时间内补入的水量 W(L)	实测渗水量 q[L/(min·m)]
	1					
	2					
	3					
	折合平均实测渗水量[m^3/(24h·km)]					
外观记录						
评语						

施工单位：　　　　试验负责人：

监理单位：　　　　设计单位：

建设单位：　　　　记录员：

5.2.6　闭气法试验

将进行闭气检验的排水管道两端用管堵密封，然后向管道内填充空气至一定的压力，在规定闭气时间测定管道内气体的压降值。检验装置如图5-3所示。

检验步骤应符合下列规定：

(1)对闭气试验的排水管道两端管口与管堵接触部分的内壁应进行处理，使其洁净磨光；

(2)调整管堵支撑脚，分别将管堵安装在管道内部两端，每端接上压力表和充气罐，如图5-3所示；

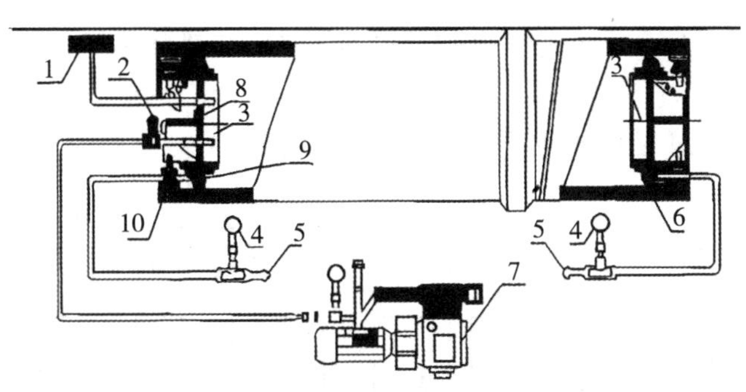

1—膜盒压力表；2—气阀；3—管堵塑料封板；4—压力表；5—充气嘴；6—混凝土排水管道；
7—空气压缩机；8—温度传感器；9—密封胶圈；10—管堵支撑脚

图 5-3　排水管道闭气检验装置图

(3)用打气筒向管堵密封胶圈内充气加压，观察压力表显示至 0.05~0.20MPa，且不宜超过 0.20MPa，将管道密封；锁紧管堵支撑脚，将其固定；

(4)用空气压缩机向管道内充气，膜盒表显示管道内气体压力至 3000Pa，关闭气阀，使气体趋于稳定，记录膜盒表读数从 3000Pa 降至 2000Pa 历时不应少于 5min；气压下降较快，可适当补气；下降太慢，可适当放气；

(5)膜盒表显示管道内气体压力达到 2000Pa 时开始计时，在满足该管径的标准闭气时间规定，计时结束，记录此时管内实测气体压力 P，如 $P \geqslant 1500$Pa，则管道闭气试验合格，反之为不合格；管道闭气试验记录表见表 5-11。

表 5-11　**管道闭气检验记录表**

工程名称					
施工单位					
起止井号	号井段至____号井段____共____m				
管径	ϕ____mm____管		接口种类		
试验日期		试验次数	第____次 共____次	环境温度	℃
标准闭气时间(s)					
≥1600mm 管道的内压修正	起始温度 T_1(s)	终止温度 T_2(s)	标准闭气时间时的管内压力值 P(Pa)	修正后管内气体压降值 ΔP(Pa)	
检验结果					

施工单位：　　　　　　　　试验负责人：
监理单位：　　　　　　　　设计单位：
建设单位：　　　　　　　　记录员：

(6)管道闭气检验完毕，必须先排除管道内气体，再排除管堵密封圈内气体，最后卸下管堵；

(7)管道闭气检验工艺流程应符合图5-4中规定。

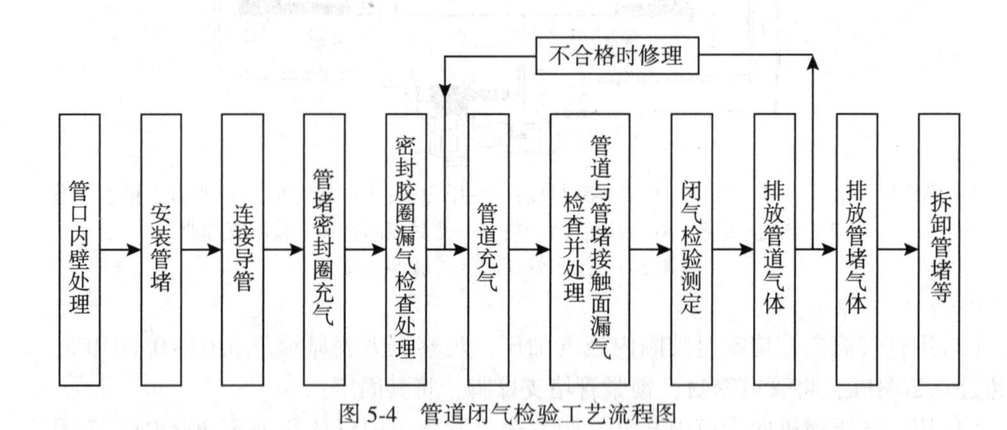

图5-4 管道闭气检验工艺流程图

漏气检查应符合下列规定：

(1)管堵密封胶圈严禁漏气。

检查方法：管堵密封胶圈充气达到规定压力值2min后，应无压降。在试验过程中应注意检查和进行必要的补气。

(2)管道内气体趋于稳定过程中，用喷雾器喷洒发泡液检查管道漏气情况。

检查方法：检查管堵对管口的密封，不得出现气泡；检查管口及管壁漏气，发现漏气应及时用密封修补材料封堵或作相应处理；漏气部位较多时，管内压力下降较快，要及时进行补气，以便作详细检查。

任务5.3 消防管道与设备的防腐与气密性检测实训

工业设备及管道防腐蚀工程质量验收，可按检验批、分项工程、分部(子分部)工程进行划分。

检验批的划分，设备应以单台划分为一个检验批；管道可按系统或相同介质、相同压力等级、同一批次检验的，划分为一个检验批。

分项工程可由一个或若干个检验批组成。设备应按台(套)或主要防腐蚀材料的种类进行划分，基体表面处理可单独构成分项工程。

同一单位工程中的工业设备及管道防腐蚀工程可划分为一个分部工程或若干个子分部工程。

5.3.1 金属热喷涂层

热喷涂用锌和锌合金线材、铝和铝合金线材的化学成分应符合设计要求或现行国家标准《热喷涂火焰和电弧喷涂用线材、棒材和芯材分类和供货技术条件》(GB/T 12608)的有关规定。

检验方法：检查产品出厂合格证和产品化学成分分析报告。

喷涂层厚度应符合设计要求，涂层最小局部厚度不应小于设计规定值。

检验方法：应按现行国家标准《磁性金属基体上非磁性覆盖层厚度测量磁性方法》的规定进行检查。

检查数量：每 $10m^2$ 检查 3 处，在每处的 $0.01m^2$ 基准面内测点不得少于 10 个。

喷涂层外观应致密、平整、色泽一致，表面应无裂纹、翘皮、起泡、底材裸露的斑点和粗大未熔或附着不牢的金属颗粒。

检验方法：观察检查和指划检查。

检查数量：涂层面积的 15%~30%。

5.3.2　一般项目

基体表面处理后的粗糙度，宜采用粗糙度参比样板对照检查。不同涂层的喷射或抛射处理表面的粗糙度应符合表 5-12 中的规定。

表 5-12　**不同涂层的喷射或抛射处理表面的粗糙度**

热喷涂涂层	涂层设计厚度(mm)	处理表面粗糙度最小值/最大值(μm)
Zn、ZnAl15、Al、AlMg5	0.10~0.15	40/63
	0.20	63/80
	0.30	80/100

检验方法：观察检查。

检查数量：每 $10m^2$ 检查 3 处，不足 $10m^2$ 按 $10m^2$ 计。

工件待喷涂时间不应超过 4h，待喷涂和喷涂过程中工件表面应干燥、洁净，并应无可见的氧化变色或任何污染。

检验方法：观察检查。

检查数量：全部检查。

设计厚度大于或等于 0.10mm 的涂层，应分层交叉喷涂；分段或分片喷涂的层数应一致，各层的厚度应均匀。

检验方法：检查分层喷涂施工记录。

喷涂层平行搭接宽度应符合下列规定：①普通喷枪喷涂搭接宽度应为喷幅幅宽的 1/3；②二次雾化喷枪喷涂搭接宽度应为喷幅幅宽的 1/4。

检验方法：尺量检查。

检查数量：不小于涂层面积的 5%。

喷涂层与基体的结合强度应符合下列规定：

(1)当采用定性试验方法时，涂层不应从基体上产生剥离。

检验方法：栅格试验按现行国家标准《金属和其他无机覆盖层热喷涂　锌、铝及其合金》的规定进行检查。

(2)当采用定量测定方法时，抗拉结合强度应符合设计要求。

检验方法：抗拉结合强度按现行国家标准《热喷涂抗拉结合强度的测定》(GB/T 8642)的规定进行检查。

检查数量：每 150m^2 测试试样 3 件，不足 150m^2 按 150m^2 计。

项目 6　消防给水排水工程调试验收及运行管理

◎ **知识目标**：了解消防给水排水工程调试与验收的条件，掌握消防给水排水系统调试、验收的内容与要求；熟悉消防给水排水系统的管理方式，掌握消防给水排水系统的维护与运行管理内容及要求。

◎ **能力目标**：通过项目学习能熟练操作各消防设施，顺利开展消防给水排水工程调试与验收任务，能对消防给水排水系统进行维护与运行管理。

◎ **素质目标**：培养学生独立思考的能力、获取新知识的能力以及运用已学知识解决实际问题的能力；树立学生正确的思维方法和踏实认真的工作作风；激发学生良好的团队合作意识。

◎ **思政目标**：课程教学中把马克思主义立场观点方法的教育与科学精神的培养结合起来，提高学生正确认识问题、分析问题和解决问题的能力；注重强化学生实践伦理教育，培养学生精益求精的大国工匠精神，激发学生科技报国的家国情怀和使命担当。

任务 6.1　消防给水排水工程调试验收

6.1.1　消防给水系统调试验收

6.1.1.1　消防给水系统调试基本条件

消防给水系统是指以水为灭火剂消防扑救火灾的供水系统。由水源、消防给水管网、消防水池、消防水泵及消火栓、自动喷水灭火设施等组成。只有在系统已按照设计要求全部安装完毕、工序检验合格后，才可能全面、有效地进行各项调试工作。系统调试的基本条件是系统的水源、电源、气源、管网、设备等均按设计要求投入运行，这样才能使系统真正进入准工作状态，在此条件下，对系统进行调试所取得的结果，才是真正有代表性和可信度。

消防给水系统调试应在系统施工完成后进行，并应具备下列条件：

(1) 天然水源取水口、地下水井、消防水池、高位消防水池、高位消防水箱等蓄水和供水设施水位、出水量、已储水量等符合设计要求；

(2)消防水泵、稳压泵和稳压设施等处于准工作状态；

(3)系统供电正常，若柴油机泵油箱应充满油并能正常工作；

(4)消防给水系统管网内已经充满水；

(5)湿式消火栓系统管网内已充满水，手动干式、干式消火栓系统管网内的气压符合设计要求；

(6)系统自动控制处于准工作状态；

(7)减压阀和阀门等处于正常工作位置。

6.1.1.2　消防给水系统调试内容及要求

1. 系统调试内容

系统调试内容是根据系统正常工作条件、关键组件性能、系统性能等来确定的。系统调试内容包括：水源(高位消防水池、消防水池，以及水塘、江河湖海等天然水源)的充足可靠与否，直接影响系统灭火功能；消防水泵对临时高压系统来说，是扑灭火灾时的主要供水设施；稳压泵是维持系统充水和自动启动系统的重要保障措施；减压阀是系统的重要阀门，其可靠性直接影响系统的可靠性；消火栓的减压孔板或减压装置等；自动控制的压力开关、流量开关和水位仪开关等探测器；干式消火栓系统的报警阀为系统的关键组成部件，其动作的准确、灵敏与否直接关系到灭火的成功率(应先调试)；排水装置是保证系统运行和进行试验时不致产生水害和水渍损失的设施；联动试验实为系统与自控控制探测器的联锁动作试验，它可反映出系统各组成部件之间是否协调和配套。另外，对于天然水源的消防车取水口，宜考虑消防车取水的试验和验证。

2. 消防给水系统调试要求

(1)水源调试和测试应符合下列要求：

①按设计要求核实高位消防水箱、高位消防水池、消防水池的容积，高位消防水池、高位消防水箱设置高度应符合设计要求；消防储水应有不作他用的技术措施。当有江河湖海、水库和水塘等天然水源作为消防水源时，应验证其枯水位、洪水位和常水位的流量符合设计要求。地下水井的常水位、出水量等应符合设计要求；

②消防水泵直接从市政管网吸水时，应测试市政供水的压力和流量能否满足设计要求的流量；

③应按设计要求核实消防水泵接合器的数量和供水能力，并应通过消防车车载移动泵供水进行试验验证；

④应核实地下水井的常水位和设计抽升流量时的水位。

检查数量：全数检查。

检查方法：直观检查和进行通水试验。

(2)消防水泵调试应符合下列要求：

①以自动直接启动或手动直接启动消防水泵时，消防水泵应在 55s 内投入正常运行，且应无不良噪声和振动；

②以备用电源切换方式或备用泵切换启动消防水泵时，消防水泵应分别在 1min 或 2min 内投入正常运行；

③消防水泵安装后，应进行现场性能测试，其性能应与生产厂商提供的数据相符，并应满足消防给水设计流量和压力的要求；

④消防水泵零流量时的压力不应超过设计工作压力的 140%；当出流量为设计工作流量的 150%时，其出口压力不应低于设计工作压力的 65%。

检查数量：全数检查。

检查方法：用秒表检查。

(3)稳压泵应按设计要求进行调试，并应符合下列规定：

①当达到设计启动压力时，稳压泵应立即启动；当达到系统停泵压力时，稳压泵应自动停止运行；稳压泵启停应达到设计压力要求；

②能满足系统自动启动要求，且当消防主泵启动时，稳压泵应停止运行；

③稳压泵在正常工作时，每小时的启停次数应符合设计要求，且不应大于 15 次/h；

④稳压泵启停时，系统压力应平稳，且稳压泵不应频繁启停。

检查数量：全数检查。

检查方法：直观检查。

(4)干式消火栓系统快速启闭装置调试应符合下列要求：

①干式消火栓系统调试时，开启系统试验阀或按下消火栓按钮，干式消火栓系统快速启闭装置的启动时间、系统启动压力、水流到试验装置出口所需时间，均应符合设计要求；

②快速启闭装置后的管道容积应符合设计要求，并应满足充水时间的要求；

③干式报警阀在充气压力下降到设定值时应能及时启动；

④干式报警阀充气系统在设定低压点时应启动，在设定高压点时应停止充气，当压力低于设定低压点时应报警；

⑤干式报警阀当设有加速排气器时，应验证其可靠工作。

检查数量：全数检查。

检查方法：使用压力表、秒表、声强计和直观检查。

(5)减压阀调试应符合下列要求：

①减压阀的阀前、阀后动静压力应满足设计要求；

②减压阀的出流量应满足设计要求，当出流量为设计流量的 150%时，阀后动压不应小于额定设计工作压力的 65%；

③减压阀在小流量、设计流量和设计流量的150%时不应出现噪声明显增加；

④测试减压阀的阀后动静压差应符合设计要求。

检查数量：全数检查。

检查方法：使用压力表、流量计、声强计和直观检查。

(6)消火栓的调试和测试应符合下列规定：

①试验消火栓动作时，应检测消防水泵是否在规定的时间内自动启动；

②试验消火栓动作时，应测试其出流量、压力和充实水柱的长度；并应根据消防水泵的性能曲线核实消防水泵供水能力；

③应检查旋转型消火栓的性能能否满足其性能要求；

④应采用专用检测工具，测试减压稳压型消火栓的阀后动静压是否满足设计要求。

检查数量：全数检查。

检查方法：使用压力表、流量计和直观检查。

(7)控制柜调试和测试应符合下列要求：

①应首先空载调试控制柜的控制功能，并应对各个控制程序进行试验验证；

②当空载调试合格后，应加负载调试控制柜的控制功能，并应对各个负载电流的状况进行试验检测和验证；

③应检查显示功能，并应对电压、电流、故障、声光报警等功能进行试验检测和验证；

④应调试自动巡检功能，并应对各泵的巡检动作、时间、周期、频率和转速等进行试验检测和验证；

⑤应试验消防水泵的各种强制启泵功能。

检查数量：全数检查。

检查方法：使用电压表、电流表、秒表等仪表和直观检查。

(8)联锁试验应符合下列要求，并应按表6-1所列要求进行记录：

①干式消火栓系统联锁试验，当打开1个消火栓或模拟1个消火栓的排气量排气时，干式报警阀(电动阀/电磁阀)应及时启动，压力开关应发出信号或联锁启动消防防水泵，水力警铃动作应发出机械报警信号；

②消防给水系统的试验管放水时，管网压力应持续降低，消防水泵出水干管上压力开关应能自动启动消防水泵；消防给水系统的试验管放水或高位消防水箱排水管放水时，高位消防水箱出水管上的流量开关应动作，且应能自动启动消防水泵；

③自动启动时间：消防水泵应确保从接到启泵信号到水泵正常运转的自动启动时间不应大于相关规范规定的时间。

检查数量：全数检查。

检查方法：直观检查。

表 6-1　　**消防给水及消火栓系统联锁试验记录表**

<table>
<tr><td>工程名称</td><td colspan="2"></td><td>建设单位</td><td colspan="2"></td></tr>
<tr><td>施工单位</td><td colspan="2"></td><td>监理单位</td><td colspan="2"></td></tr>
<tr><td rowspan="2">系统类型</td><td rowspan="2">启动信号
（部位）</td><td colspan="4">联动组件动作</td></tr>
<tr><td>名　称</td><td>是否开启</td><td>要求动作时间</td><td>实际动作时间</td></tr>
<tr><td>消防给水</td><td></td><td></td><td></td><td>—</td><td>—</td></tr>
<tr><td rowspan="4">湿式消火栓系统</td><td rowspan="4">末端试水装置
（试验消火栓）</td><td>消防水泵</td><td></td><td>—</td><td>—</td></tr>
<tr><td>压力开关（管网）</td><td></td><td></td><td></td></tr>
<tr><td>高位消防水箱
水流开关</td><td></td><td></td><td></td></tr>
<tr><td>稳压泵</td><td></td><td></td><td></td></tr>
<tr><td rowspan="8">干式消火栓系统</td><td rowspan="8">模拟消火栓
动作</td><td>干式阀等快速
启闭装置</td><td></td><td></td><td></td></tr>
<tr><td>水力警铃</td><td></td><td>—</td><td>—</td></tr>
<tr><td>压力开关</td><td></td><td>—</td><td>—</td></tr>
<tr><td>充水时间</td><td></td><td></td><td></td></tr>
<tr><td>压力开关
（管网）</td><td></td><td></td><td></td></tr>
<tr><td>高位消防水箱
流量开关</td><td></td><td></td><td></td></tr>
<tr><td>消防水泵</td><td></td><td></td><td></td></tr>
<tr><td>稳压泵</td><td></td><td></td><td></td></tr>
<tr><td>自动喷水
灭火系统</td><td colspan="5">现行国家标准《自动喷水灭火系统施工及验收规范》（GB 50261）</td></tr>
<tr><td>水喷雾系统</td><td colspan="5">现行国家标准《自动喷水灭火系统施工及验收规范》（GB 50261）</td></tr>
<tr><td>泡沫系统</td><td colspan="5">现行国家标准《泡沫灭火系统施工及验收规范》（GB 50281）</td></tr>
<tr><td>消防炮系统</td><td colspan="5"></td></tr>
<tr><td>参加
单位</td><td colspan="2">施工单位项目负责人：
（签章）

年　月　日</td><td colspan="2">监理工程师：
（签章）

年　月　日</td><td>建设单位项目负责人：
（签章）

年　月　日</td></tr>
</table>

(9)报警阀调试应符合下列要求：

①湿式报警阀调试时，在末端装置处放水，当湿式报警阀进口水压大于0.14MPa、放水流量大于1L/s时，报警阀应及时启动；带延迟器的水力警铃应在5~90s内发出报警铃声，不带延迟器的水力警铃应在15s内发出报警铃声；压力开关应及时动作，启动消防泵并反馈信号。

检查数量：全数检查。

检查方法：使用压力表、流量计、秒表和观察检查。

②干式报警阀调试时，开启系统试验阀，报警阀的启动时间、启动点压力、水流到试验装置出口所需时间，均应符合设计要求。

检查数量：全数检查。

检查方法：使用压力表、流量计、秒表、声强计和观察检查。

③雨淋阀调试宜利用检测、试验管道进行。自动和手动方式启动的雨淋阀，应在15s之内启动；公称直径大于200mm的雨淋阀调试时，应在60s之内启动。雨淋阀调试时，当报警水压为0.05MPa时，水力警铃应发出报警铃声。

检查数量：全数检查。

检查方法：使用压力表、流量计、秒表、声强计和观察检查。

(10)联动试验应符合下列要求，并应按表6-2所列要求进行记录：

①湿式系统的联动试验，启动一只喷头或以0.94~1.5L/s的流量从末端试水装置处放水时，水流指示器、报警阀、压力开关、水力警铃和消防水泵等应及时动作，并发出相应的信号。

检查数量：全数检查。

检查方法：打开阀门放水、使用流量计和观察检查。

②预作用系统、雨淋系统、水幕系统的联动试验，可采用专用测试仪表或其他方式，对火灾自动报警系统的各种探测器输入模拟火灾信号，火灾自动报警控制器应发出声光报警信号，并启动自动喷水灭火系统；采用传动管启动的雨淋系统、水幕系统联动试验时，启动1只喷头，雨淋阀打开，压力开关动作，水泵启动。

检查数量：全数检查。

检查方法：观察检查。

③干式系统的联动试验，启动1只喷头或模拟1只喷头的排气量排气，报警阀应及时启动，压力开关、水力警铃动作并发出相应信号。

检查数量：全数检查。

检查方法：观察检查。

表6-2　**自动喷水灭火系统联动试验记录表**

工程名称		建设单位	
施工单位		监理单位	

续表

系统类型	启动信号（部位）	联动组件动作			
		名称	是否开启	要求动作时间	实际动作时间
湿式系统	末端试水装置	水流指示器			
		湿式报警阀			
		水力警铃			
		压力开关			
		水泵			
水幕、雨淋系统	温与烟信号	雨淋阀			
		水泵			
	传动管启动	雨淋阀			
		压力开关			
		水泵			
干式系统	模拟喷头动作	干式阀			
		水力警铃			
		压力开关			
		充水时间			
		水泵			
预作用系统	模拟喷头动作	预作用阀			
		水力警铃			
		压力开关			
		充水时间			
		水泵			
参加单位	施工单位项目负责人： （签章） 年　月　日		监理工程师： （签章） 年　月　日	建设单位项目负责人： （签章） 年　月　日	

6.1.1.3　消防给水系统验收

1. 消防给水及消火栓系统检测验收

消防给水及消火栓系统的验收检测包括消防水源、供水设施设备、系统组件及给水管网的检测验收。系统工程质量检测验收合格与否，应根据其质量缺陷项情况进行判定；系统工程质量缺陷划分为：严重缺陷项(A)，重缺陷项(B)，轻缺陷项(C)。系统检测验收合格判定的条件为：A=0，且 B≤2，且 B+C≤6 为合格，否则为不合格。消防给水及消火栓系统检测验收要求不合格质量缺陷如表 6-3 所示。

表 6-3　　消防给水及消火栓系统检测验收要求及质量缺陷划分

检测验收项目	要　求	检测方法	质量缺陷
验收材料	(1)竣工验收申请报告、设计文件、竣工资料； (2)消防给水及消火栓系统的调试报告； (3)工程质量事故处理报告； (4)施工现场质量管理检查记录； (5)消防给水及消火栓系统施工过程质量管理检查记录； (6)消防给水及消火栓系统质量控制检查资料	核查资料	C
消防水源	(1)应检查室外给水管网的进水管管径及供水能力，并应检查高位消防水箱、高位消防水池和消防水池等的有效容积和水位测量装置等应符合设计要求； (2)当采用地表天然水源作为消防水源时，其水位、水量、水质等应符合设计要求； (3)应根据有效水文资料检查天然水源枯水期最低水位、常水位和洪水位时确保消防用水应符合设计要求； (4)应根据地下水井抽水试验资料确定常水位、最低水位、出水量和水位测量装置等技术参数和装备应符合设计要求	全数检查，对照设计资料直观检查	A
消防水泵房	(1)消防水泵房的建筑防火要求应符合设计要求和现行国家标准《建筑设计防火规范》(GB 50016—2014，2018 年版)的有关规定； (2)消防水泵房设置的应急照明、安全出口应符合设计要求； (3)消防水泵房的采暖通风、排水和防洪等应符合设计要求； (4)消防水泵房的设备进出和维修安装空间应满足设备要求； (5)消防水泵控制柜的安装位置和防护等级应符合设计要求	全数检查，照图纸直观检查	B

续表

检测验收项目	要　求	检测方法	质量缺陷
消防水泵	(1)工作泵、备用泵、吸水管、出水管及出水管上的泄压阀、水锤消除设施、止回阀、信号阀等的规格、型号、数量，应符合设计要求；吸水管、出水管上的控制阀应锁定在常开位置，并应有明显标记； (2)消防水泵启动控制应置于自动启动挡；	全数检查，直观检查和采用仪表检查	A
	(3)消防水泵运转应平稳，应无不良噪声的振动； (4)消防水泵应采用自灌式引水方式，并应保证全部储水被有效利用； (5)分别开启系统中的每一个末端试水装置、试水阀和试验消火栓，水流指示器、压力开关、压力开关(管网)、高位消防水箱流量开关等信号的功能，均应符合设计要求；消防水泵应确保从接到启泵信号到水泵正常运转的自动启动时间不应大于 2min； (6)打开消防水泵出水管上试水阀，当采用主电源启动消防水泵时，消防水泵应启动正常；关掉主电源，主、备电源应能正常切换；备用泵启动和相互切换正常；消防水泵就地和远程启停功能应正常； (7)消防水泵停泵时，水锤消除设施后的压力不应超过水泵出口设计工作压力的 1.4 倍； (8)采用固定和移动式流量计和压力表测试消防水泵的性能，水泵性能应满足设计要求。零流量时的压力不应大于设计工作压力的 140%，且宜大于设计工作压力的 120%；当出流量为设计流量的 150%时，其出口压力不应低于设计工作压力的 65%		B
稳压泵	(1)稳压泵的型号性能等应符合设计要求；	全数检查，直观检查	A
	(2)稳压泵的控制应符合设计要求，并应有防止稳压泵频繁启动的技术措施； (3)稳压泵在 1h 内的启停次数应符合设计要求，且不宜大于 15 次/h； (4)稳压泵供电应正常，自动手动启停应正常；关掉主电源，主、备电源应能正常切换； (5)气压水罐的有效容积以及调节容积应符合设计要求，并应满足稳压泵的启停要求		B
控制柜	(1)控制柜的规格、型号、数量应符合设计要求； (2)控制柜的图纸塑封后应牢固粘贴于柜门内侧； (3)控制柜的动作应符合设计要求和本章的有关要求； (4)控制柜的质量应符合产品标准和本章的有关要求。 (5)主、备用电源自动切换装置的设置应符合设计要求	全数检查，直观检查	A

续表

检测验收项目	要　　求	检测方法	质量缺陷
消防水池、高位消防水池和高位消防水箱	(1)设置位置应符合设计要求； (2)消防水池、高位消防水池和高位消防水箱的有效容积、水位、报警水位等，应符合设计要求； (3)进出水管、溢流管、排水管等应符合设计要求，且溢流管应采用间接排水；	全数检查，直观检查	A
	(4)管道、阀门和进水浮球阀等应便于检修，人孔和爬梯位置应合理； (5)消防水池吸水井、吸(出)水管喇叭口等设置位置应符合设计要求		C
气压水罐	(1)气压水罐的有效容积、调节容积和稳压泵启泵次数应符合设计要求；	全数检查，直观检查	B
	(2)气压水罐气侧压力应符合设计要求		C
干式消火栓报警阀组	(1)报警阀组的各组件应符合产品标准要求； (2)打开系统流量压力检测装置放水阀，测试的流量、压力应符合设计要求； (3)水力警铃的设置位置应正确。测试时，水力警铃喷嘴处压力不应小于0.05MPa，且距水力警铃3m远处警铃警声声强不应小于70dB； (4)打开手动试水阀动作应可靠； (5)与空气压缩机或火灾自动报警系统的联锁控制，应符合设计要求；	全数检查，直观检查	B
	(6)控制阀均应锁定在常开位置		C
消火栓	(1)消火栓的设置场所、规格、型号应符合设计要求和现行国家标准《消防给水及消火栓系统技术规范》(GB 50974—2014)的有关规定。室内消火栓的配置应符合下列要求：应采用DN65室内消火栓，并可与消防软管卷盘或轻便水龙设置在同一箱体内；应配置公称直径为65mm有内衬里的消防水带，长度不宜超过25.0m；消防软管卷盘应配置内径不小于19mm的消防软管，其长度宜为30.0m；轻便水龙应配置公称直径为25mm、有内衬里的消防水带，长度宜为30.0m；宜配置当量喷嘴直径为16mm或19mm的消防水枪，但当消火栓设计流量为2.5L/s时宜配置当量喷嘴直径为11mm或13mm的消防水枪；消防软管卷盘和轻便水龙应配置当量喷嘴直径为6mm的消防水枪。市政消火栓宜采用直径DN150的室外消火栓；室外地上式消火栓应有一个直径为150mm或100mm和两个直径为65mm的栓口；室外地下式消火栓应有直径为100mm和65mm的栓口各一个；	抽查消火栓数量10%，且总数每个供水分区不应少于10个，合格率应为100%。对照图纸尺量检查	A

续表

检测验收项目	要　　求	检测方法	质量缺陷
消火栓	(2)消火栓的设置位置应符合设计要求，并应符合消防救援和火灾扑救工艺的要求； (3)消火栓的减压装置和活动部件应灵活可靠，栓口压力应符合设计要求。室内消火栓栓口动压不应大于0.50MPa；当大于0.70MPa时，必须设置减压装置；高层建筑、厂房、库房和室内净空高度超过8m的民用建筑等场所，消火栓栓口动压不应小于0.35MPa，且消防水枪充实水柱不应小于13m；其他场所，消火栓栓口动压不应小于0.25MPa，且消防水枪充实水柱不应小于10m；	抽查消火栓数量10%，且总数每个供水分区不应少于10个，合格率应为100%。对照图纸尺量检查	B
	(4)室内消火栓的安装高度应符合设计要求		C
消防水泵结合器	(1)消防水泵接合器数量及进水管位置应符合设计要求； (2)消防水泵接合器应采用消防车车载消防水泵进行充水试验，且供水最不利点的压力、流量应符合设计要求； (3)当有分区供水时，应确定消防车的最大供水高度和接力泵的设置位置的合理性	全数检查，使用流量计、压力表和直观检查	B
给水管网	(1)管道的材质、管径、接头、连接方式及采取的防腐、防冻措施，应符合设计要求，管道标识应符合设计要求； (2)管网排水坡度及辅助排水设施，应符合设计要求； (3)系统中的试验消火栓、自动排气阀应符合设计要求； (4)管网不同部位安装的报警阀组、闸阀、止回阀、电磁阀、信号阀、水流指示器、减压孔板、节流管、减压阀、柔性接头、排水管、排气阀、泄压阀等，均应符合设计要求； (5)干式消火栓系统允许的最大充水时间不应大于5min；在供水干管上宜设干式报警阀、雨淋阀或电磁阀、电动阀等快速启闭装置，当采用电动阀时开启时间不应超过30s； (6)干式消火栓系统报警阀后的管道仅应设置消火栓和有信号显示的阀门； (7)架空管道的立管、配水支管、配水管、配水干管设置的支架，应符合现行国家标准《消防给水及消火栓系统技术规范》(GB 50974—2014)的有关规定； (8)室外埋地管道应符合现行国家标准《消防给水及消火栓系统技术规范》(GB 50974—2014)的有关规定	第(7)项抽查20%，且不应少于5处；其他全数抽查；直观和尺量检查、秒表测量	B

续表

检测验收项目	要　求	检测方法	质量缺陷
减压阀	(1)减压阀的型号、规格、设计压力和设计流量应符合设计要求； (2)减压阀的水头损失应小于设计阀后静压和动压差；	全数检查，使用压力表、流量计和直观检查	A
	(3)减压阀阀前应有过滤器，过滤器的孔网直径不宜小于4~5目/cm^2，过流面积不应小于管道截面面积的4倍； (4)减压阀阀前阀后动压和静压应符合设计要求； (5)减压阀处应有试验用压力排水管道； (6)减压阀在小流量、设计流量和设计流量的150%时不应出现噪声明显增加或管道出现喘振		B
放水试验要求	消防给水系统流量、压力的验收，应通过系统流量、压力检测装置和末端试水装置进行放水试验，系统流量，压力和消火栓充实水柱等应符合设计要求	全数检查，直观检查	A
系统模拟灭火功能试验	(1)流量开关、低压压力开关和报警阀压力开关等动，应能自动启动消防水泵及与其联锁的相关设备，并应有反馈信号显示； (2)消防水泵启动后，应有反馈信号显示；	全数检查，直观检查	A
	(3)干式消火栓系统的干式报警阀的加速排气器动作后，应有反馈信号显示； (4)其他消防联动控制设备启动后，应有反馈信号显示；		B
	(5)干式消火栓报警阀动作，水力警铃应鸣响，压力开关动作		C

依据《中华人民共和国消防法》第十条规定，对按照国家工程建设消防技术标准需要进行消防设计的建设工程，实行建设工程消防设计审查验收制度，消防给水及消火栓系统的查验要求及表格模板参照本书附录1《消防给水及消火栓系统查验报告》。

6.1.1.4　自动喷水灭火系统检测验收

自动喷水灭火系统的检测验收是对构成自动喷水灭火系统的供水设施、报警阀组、管道附件及喷头等进行全方位的系统检测，以确定系统是否满足设计及系统功能要求，为以后系统的正常运行提供可靠保障。系统工程质量检测验收合格与否，应根据其质量缺陷项情况进行判定；系统工程质量缺陷划分为：严重缺陷项(A)，重缺陷项(B)，轻缺陷项(C)。系统检测验收合格判定的条件为：$A=0$，且$B\leqslant2$，且$B+C\leqslant6$为合格，否则为不合格。自动喷水灭火系统检测验收要求不合格质量缺陷如表6-4所示。

表 6-4　**自动喷水灭火系统检测验收要求及不合格质量缺陷**

检测验收项目	要求	检测方法	质量缺陷
验收材料	(1)竣工验收申请报告、设计变更通知书、竣工图； (2)工程质量事故处理报告； (3)施工现场质量管理检查记录； (4)自动喷水灭火系统施工过程质量管理检查记录； (5)自动喷水灭火系统质量控制检查资料； (6)系统试压、冲洗记录； (7)系统调试记录	核查材料	C
消防水源	(1)室外给水管网的进水管管径及供水能力、高位消防水箱和消防水池容量，应符合设计要求； (2)当采用天然水源作系统的供水水源时，其水量、水质应符合设计要求，具有枯水期最低水位时确保消防用水的技术措施	对照设计资料进行核查；尺量检查和直观检查；高位消防水箱、消防水池的有效消防容积，应按出水管或吸水管喇叭口(或防止旋流器淹没深度)的最低标高确定	A
消防水泵房	(1)消防泵房的建筑防火要求应符合相应的建筑设计防火规范的规定； (2)消防泵房设置的应急照明、安全出口应符合设计要求； (3)备用电源、自动切换装置的设置应符合设计要求	对照图纸观察检查	B
消防水泵	(1)工作泵、备用泵、吸水管、出水管及出水管上的阀门、仪表的规格、型号、数量，应符合设计要求；吸水管、出水管上的控制阀应锁定在常开位置，并有明显标记； (2)消防水泵应采用自灌式引水或其他可靠的引水措施； (3)分别开启系统中的每一个末端试水装置和试水阀，水流指示器、压力开关等信号装置的功能应均符合设计要求；湿式系统的最不利点做末端放水试验时，自放水开始至水泵启动时间不应超过 5min；	第(1)项，对照图纸观察检查。 第(2)项，观察和尺量检查。 第(3)项，用秒表测量从末端试水装置放水到水泵启动的时间。 第(4)项，用秒表测量水泵启动的时间。 第(5)项，在阀门出口处使用压力表检查。 第(6)项，使用压力表，观察检查。 第(7)项，观察检查	B
	(4)打开消防水泵出水管上试水阀，当采用主电源启动消防水泵时，消防水泵应启动正常；关掉主电源，主、备电源应能正常切换。备用电源切换时，消防水泵应在 1min 或 2min 内投入正常运行。自动或手动启动消防泵时应在 55s 内投入正常运行；		A
	(5)消防水泵停泵时，水锤消除设施后的压力不应超过水泵出口额定压力的 1.3~1.5 倍； (6)对消防气压给水设备，当系统气压下降到设计最低压力时，通过压力变化信号应能启动稳压泵；		B
	(7)消防水泵启动控制应置于自动启动挡，消防水泵应互为备用		C

续表

检测验收项目	要求	检测方法	质量缺陷
报警阀组	(1)报警阀组的各组件应符合产品标准要求； (2)打开系统流量压力检测装置放水阀，测试的流量、压力应符合设计要求； (3)水力警铃的设置位置应正确。测试时，水力警铃喷嘴处压力不应小于0.05MPa，且距水力警铃3m远处，警铃声声强不应小于70dB； (4)打开手动试水阀或电磁阀时，雨淋阀组动作应可靠；	第(1)、(4)、(5)、(6)项，观察检查。 第(2)项，使用流量计、压力表观察检查。 第(3)项，打开阀门放水，使用压力表、声级计和尺量检查。 第(7)项，使用秒表检查	B
	(5)控制阀均应锁定在常开位置；		C
	(6)空气压缩机或火灾自动报警系统的联动控制，应符合设计要求； (7)打开末端试(放)水装置，当流量达到报警阀动作流量时，湿式报警阀和压力开关应及时动作，带延迟器的报警阀应在90s内压力开关动作，不带延迟器的报警阀应在15s内压力开关动作。雨淋报警阀动作后15s内压力开关动作		B
管网	(1)管道的材质、管径、接头、连接方式及采取的防腐、防冻措施，应符合设计规范及设计要求；	第(1)、(3)项，对照设计文件观察检查。 第(2)项，使用水平尺和尺量检查，管道横向安装坡度应为2‰~5‰。 第(4)项，对全部数量的报警阀组、压力开关、止回阀、减压阀、泄压阀、电磁阀；设计总数量30%且每种数量均不少于5个的闸阀、信号阀、水流指示器、减压孔板、节流管、柔性接头、排气阀等对照图纸观察检查。 第(5)项，通水试验，用秒表检查	A
	(2)管网排水坡度及辅助排水设施，应符合规范要求； (3)系统中的末端试水装置、试水阀、排气阀应符合设计要求；		C
	(4)管网不同部位安装的报警阀组、闸阀、止回阀、电磁阀、信号阀、水流指示器、减压孔板、节流管、减压阀、柔性接头、排水管、排气阀、泄压阀等，均应符合设计要求； (5)干式系统、由火灾自动报警系统和充气管道上设置的压力开关开启预作用装置的预作用系统，其配水管道充水时间不宜大于1min；雨淋系统和仅由水灾自动报警系统联动开启预作用装置的预作用系统，其配水管道充水时间不宜大于2min		B

续表

检测验收项目	要求	检测方法	质量缺陷
喷头	(1)喷头设置场所、规格、型号、公称动作温度、响应时间指数(RTI)应符合设计要求；	第(1)项，抽查设计喷头数量10%，总数不少于40个，对照图纸进行检查。 第(2)项，抽查设计喷头数量5%，总数不少于20个，对照图纸尺量检查，要求距离偏差±15mm，合格率不小于95%。 第(3)、(4)项，观察检查。 第(5)项，核对每种喷头的用量及备用量	A
	(2)喷头安装间距，喷头与楼板、墙、梁等障碍物的距离应符合设计要求；		B
	(3)有腐蚀性气体的环境和有冰冻危险场所安装的喷头，应采取防护措施； (4)有碰撞危险场所安装的喷头应加设防护罩； (5)各种不同规格的喷头均应有一定数量的备用品，其数量不应少于安装总数的1%，且每种备用喷头不应少于10个		C
水泵接合器	水泵接合器数量及进水管位置应符合设计要求，消防水泵接合器应进行充水试验，且系统最不利点的压力、流量应符合设计要求	使用流量计、压力表和观察检查	B
系统流量、压力	通过系统流量压力检测装置进行放水试验，系统流量、压力应符合设计要求	观察检查	A
系统模拟灭火功能试验	(1)系统模拟灭火功能试验时，水流指示器、报警阀应动作，水力警铃应鸣响，水流指示器应有反馈动作信号；	观察检查	C
	(2)压力开关动作，应启动消防水泵及与其联动的相关设备，并应有反馈信号显示； (3)打开电磁阀，雨淋阀应开启，并应有反馈信号显示模拟灭火功能；		A
	(4)加速器、消防水泵以及其他消防联动控制设备启动后，应有反馈信号显示		B

依据《中华人民共和国消防法》第十条规定：对按照国家工程建设消防技术标准需要进行消防设计的建设工程，实行建设工程消防设计审查验收制度，自动喷水灭火系统的查验要求及表格模板参照本书附录2《自动喷水灭火系统查验报告》。

6.1.2　消防排水系统调试验收

6.1.2.1　消防排水系统调试

调查结果表明，在设计、安装和维护管理上，忽视消防给水系统排水装置的情况较为普遍。已投入使用的系统，有的试水装置被封闭在天棚内，根本未与排水装置接通，有的报警阀处的放水阀也未与排水系统相接，因而根本无法开展对系统的常规试验或放空。

在消防系统调试验收、日常维护管理中，消防给水系统的试验排水是很重要的，不能因消防系统的试验和调试排水而影响建(构)筑物的使用。

调试过程中，系统排出的水应通过排水设施全部排走，并应符合下列规定：

(1)消防电梯排水设施的自动控制和排水能力应进行测试；

(2)报警阀排水试验管处和末端试水装置处排水设施的排水能力应进行测试，且在地面不应有积水；

(3)试验消火栓处的排水能力应满足试验要求；

(4)消防水泵房排水设施的排水能力应进行测试，并应符合设计要求。

检查数量：全数检查。

检查方法：使用压力表、流量计、专用测试工具和直观检查。

6.1.2.2　消防排水系统验收

消防水泵房、设有消防给水系统的地下室、消防电梯的井底及仓库等建筑物或场所，应采取消防排水措施。一般规定：室内消防排水宜排入室外雨水管道；当存有少量可燃液体时，排水管道应设置水封，并宜间接排入室外污水管道；地下室的消防排水设施宜与地下室其他地面废水排水设施共用；同时，室内消防排水设施应采取防止倒灌的技术措施。下面介绍消防系统中不同部位的系统排水可利用的不同排放方式和渠道。

1. 利用屋面雨水系统排水

1)试验和检查用消火栓的排水

高层建筑一般要求屋顶设一个装有压力显示装置的检查用的消火栓，多层建筑平屋顶上宜设置试验和检查用的消水栓，其主要目的是通过试验和检查用消火栓检测消防水泵、水泵结合器供水时水枪的充实水柱长度(或压力表显示的压力值)是否符合设计要求。建筑中消火栓的充实水柱长度最大取13m，在此压力下，水枪喷嘴口径为19mm时的出水量为5.7L/s。雨水立管按重力流排水时的泄流量按管径为75mm的立管最大排水流量都可达10L/s，说明试验和检查用消火栓排水完全可以利用屋面雨水系统排除。

2)高位消防水箱的排水

消防水箱的排水有两种情况，一是溢流排水，二是检修清洗水箱时的泄空排水，它们的排水量与消防水箱容积大小有关。无论是消火栓系统独用水箱还是湿式系统与消火栓合用水箱，水箱容积大小均应满足初期火灾消防用水量的要求(有关消防规范要求)。消防水箱的溢流排水量不会超过进水量，进水量大小由补水时间来确定，消防规范对消防水箱的补水时间没有规定，只对消防水池要求不宜超过 48h。以一类高层公共建筑为例，消防水箱有效容积不应小于 $36m^3$，假设消防水箱 1h 补满，进水流量为 10L/s，2h 补满，则进水流量为 5L/s，所以发生溢流时由屋面雨水系统排出是没有问题的。至于检修清洗水箱时的泄空排水，可以通过泄空阀门控制排水流量，泄空时间可长可短，但不能造成屋面雨水系统溢流。

3)稳压泵和气压罐的排水

当屋面消防水箱的高度不能满足消防规范的要求时，常采用设置气压给水装置或稳压泵来进行增压，稳压泵的设计流量宜按消防给水设计流量的 1%～3%计，且不宜小于 1L/s。因此，在对增压设施的水泵进行调试、验收和维护检查时，排水量不会大于 5L/s，至于气压罐的泄空排水，由于它的调节水容积仅为 450L，排水量很小，所以设置在屋面有的稳压泵和气压罐的排水同样可利用屋面雨水系统排出。

2. 湿式系统报警阀的排水

报警阀的调试、验收的要求基本相同。在报警阀试水阀处放水、当进口水压大于 0. 14MPa、放水流量大于 1L/s 时，报警阀应及时起动，水力警铃和压力开关应及时动作并反馈信号，供水压力和流量应符合设计要求；维护管理则要求每季度做一次上述测试。三种测试都是模拟一只标准喷头打开时湿式系统的工况，其排水量只是一只标准喷头的水量。报警阀的最大排水量发生在利用试水阀泄空系统管网中的水量时，报警阀的试水阀口径不大于 50mm 排水的快慢可通过阀门开启度进行调节，报警阀可考虑按排水量不大于 5L/s 进行设计。报警阀的排水口有三处：试水阀、延迟器和水力警铃排水管。它们都应采用间接排水，以便于观察。当利用生活排水系统进行排水时，接纳排水的立管(应有伸顶通气管)管径不宜小于 100mm；当独立设置专用排水管时，立管管径宜为 100mm；前者要考虑保护生活排水系统的水封，后者按重力流雨水立管泄流量考虑并排入雨水系统。

3. 末端试水装置的排水

末端试水装置的排水量与试水接头的出水量相同，试水接头是一个标准的放水口，它的流量系数与报警阀控制的楼层或防火分区内的最小流量系数喷头的参数相同，其泄水量与压力的关系也和喷头相一致。排水的受水器可以采用生活排水的污水池、洗涤池或排水沟，也可以设置专用的排水系统。最不利喷头处应设末端试水装置，其排水应采取孔口出流方式排入排水管道，为了排水通畅，需设伸顶通气管，避免气流与水流在排水斗处和排水管内发生干扰影响泄水。其他楼层或分区的末端可采用试水阀直接排水，但在连接排水立管处设置活接头或沟槽式接头，以备必要时连接检测设备或改为末端试水装置排水，排水立管管径应根据末端试水装置的泄流量确定，不应小于 75mm。排水立管在底层宜设检查口。排水横管管径按满流状态用曼宁公式计算确定，末端试水装置排水管若接入雨、污合流管道，则排水斗下出口端应设存水弯，水封高度不得小于 50mm，随时补水保持水封。

4. 消防水泵试验装置的排水

每台消防水泵出水管上应设置DN65的试水管，并应采取排水措施。消防水泵试验装置工作时，需要开启末端试水装置和消防水泵出水管上试水阀进行系统联动、备用电源和备用泵切换等试验，如果将报警阀处的系统流量和压力检测装置与消防水泵出水管上的装置合并，则还需进行供水流量和压力的试验。检测试验时的排水量和设计供水量相同，此水量较大宜排入消防水池再利用。如果无法做到接回消防水池，其排水设计可与消防泵房的排水同样处理。

5. 消防给水管网的排水

(1)消火栓给水管网的排水。利用消火栓给水管网本身进行排水时，水平干管以0.002~0.005的坡度坡向立管，通过水泵出水管上试水阀将水排入消防水池。当无法做到排水重复利用时，才设置专用排水管道就近排入室外雨水管网。

(2)湿式系统管网排水。当配水管和配水支管坡向支管末端时，利用末端试水装置或末端试水阀进行排水。当配水管和配水支管坡向配水干管时，若利用配水干管排水易损坏水流指示器的桨片，则应设置专用排水管进行排水。如果配水管径小于等于50mm，排水横管管径与配水管相同；如果配水管径大于50mm，则排水横管管径可以比配水管径小一号。排水立管管径参照相应规范确定，但不得小于排水横管。排水管应接入室外雨水管道，立管上部应设伸顶通气管，底层应设检查口。

6. 消防水池排水

设于地下室的消防水池的溢水和泄空排水利用消防泵房排水设施进行排水，设于室外或地面的消防水池则将溢水和泄空水排入雨水管道。

7. 消防电梯排水

消防电梯井基坑下应独立设置消防排水设施，其消防排水集水井的有效容量不应小于$2m^3$，位置应低于电梯，且不应安装在电梯井正下方。集水井与基坑之间可预埋排水管，设置2根DN150的排水管，以防管道堵塞，满足消防排水的要求。

8. 消防泵房的排水

消防泵房内应有消防排水措施，当可直接向室外排水时，可在水泵房内设明沟或地漏；当无法直接向室外排水时，可设集水池(坑)由消防排水泵将水提升到室外。系统的放水、超压的泄水阀排水可由消防水泵房内的排水泵排除，或利用排水的余压直接将水排放到室外。消防给水系统的泄压阀可设在消防水泵房内，以便于排水。泄压阀可在系统中共用，而不必每台消防泵出口都设泄压阀。

9. 减压阀

消防给水系统减压阀不经常使用，由于渗漏往往会导致经过一段时间后阀前后压力差减小，为保证减压阀前后压差与设计基本一致，减压阀应经常试验排水，并为测试减压阀性能也需排水，因此，减压阀处应设压力试验排水管道，其直径应根据减压阀流量确定，但不应小于100mm。

任务6.2 消防给水排水系统的运行管理

6.2.1 消防给水排水系统的管理方式

维护管理是消防给水排水系统能否正常发挥作用的关键环节。水灭火设施必须在平时精心维护管理，才能在火灾时发挥良好的作用。我国已有多起特大火灾事故发生在安装有消防给水系统的建筑物内，由于消防给水排水系统和水消防设施不符合要求，或施工安装完毕投入使用后没有进行日常维护管理和试验，以致发生火灾时，事故扩大，产生人员伤亡，损失严重。

消防给水排水系统的维护管理包括巡查、检查、检测、维修、保养等方式。

巡查是指建筑使用管理单位对建筑消防设施直观属性的检查。根据《建筑消防设施的维护管理》(GB 25201—2010)的规定，消防设施巡查内容主要包括消防设施设置场所(防护区域)的环境状况、消防设施及其组件、材料等外观以及消防设施运行状态，消防水源状况及固定灭火设施灭火剂储存量等。消防给水排水系统的巡查主要是针对消防水源状况、系统组件外观、现场运行状态、系统检测与报警控制装置工作状态、安装部位环境条件等实施的日常巡查。

检查是指建筑使用管理单位按照国家法律法规和工程建设消防技术标准的要求，对已经投入使用的消防给水排水系统的组件、零部件等，按照规定检查周期进行的检查、测试。经检查，消防给水排水系统发生故障，需要停水检修的，向主管值班人员报告，取得单位消防安全管理人的同意后，派人临场监督，设置相应的防范措施后，方能停水动工。消防水池、消防水箱、消防气压给水设备内的水，根据当地环境、气候条件应不定期更换。

检测是建筑使用管理单位按照相关法律法规和国家消防技术标准，每年开展的定期功能性检查和测试。建筑使用管理单位可以委托具备从业条件的消防技术服务机构组织实施年度检测。在《中华人民共和国消防法》第十六条中明确规定，机关、团体、企业、事业等单位应当对建筑消防设施每年至少进行一次全面检测，确保完好有效，检测记录应当完整准确，存档备查。

维修是针对系统周期性检查、年度检测时，对于检查发现的系统故障，及时分析故障原因，消除故障，确保系统完好有效。在广西壮族自治区地方标准《消防设施维护保养规程》(DB45/T 2473—2022)中明确规定，使用管理单位发现消防设施故障应立即通知维护保养单位处理，维护保养单位应立即处理消防设施故障，并在48h内完成故障处理。维护保养单位对48h内未能处理的故障应在3日内提交分析报告。分析报告内容应包含故障情况、原因、已采取的措施、整改建议及防范措施。

保养是为保障消防设施功能正常所进行的工作，包括检查、测试，以及对设备、管道、阀门等部件在规定的时间内采取注润滑剂、清洁、除锈等措施的过程。

6.2.2 消防给水系统的维护与运行管理

消防给水系统的维护与运行管理是确保系统正常完好、有效使用的基本保障。维护管理人员经过消防专业培训后，应熟悉消防给水系统的相关原理、性能和操作维护方法。本节主要介绍维护管理时，对于消防水源、供水设施、消火栓系统、自动喷水灭火系统日常巡查、周期性检测中的规定与要求，并分析常见故障原因与处理办法。

消防给水系统应具有管理、检测和维护规程，并应保证系统处于准工作状态。维护管理人员应经过消防专业培训，并熟悉消防给水系统的原理、性能和操作维护规程。维护管理工作. 应按表 6-5 的要求进行。

表 6-5 消防给水系统维护管理工作检查项目

部位		工作内容	周期
水源	市政给水管网	压力和流量	每季
	河湖等地表水源	枯水位、洪水位、枯水位流量或蓄水量	每年
	水井	常水位、最低水位、出流量	每年
	消防水池(箱)、高位消防水箱	水位	每年
	室外消防水池等	温度	冬季每天
供水设施	电源	接通状态，电压	每日
	消防水泵	自动巡检记录	每周
		手动启动试运转	每月
		流量和压力	每季
	稳压泵	启停泵压力、启停次数	每日
	柴油机消防水泵	启动电池、储油量	每日
	气压水罐	检测气压、水位、有效容积	每月
减压阀		放水	每月
		测试流量和压力	每年
阀门	雨林阀的附属电磁阀	每月检查开启	每月
	电动阀或电磁阀	供电、启闭性能检测	每月
	系统所有控制阀门	检查铅封、锁链完好状况	每月
	室外阀门井中控制阀门	检查开启状况	每季
阀门	水源控制阀、报警阀组	外观检查	每天
	末端试水阀、报警阀的试水阀	放水试验，启动性能	每季
	倒流防止器	压差检测	每月

续表

部　　位	工作内容	周期
喷头	检查完好状况、清除异物、备用量	每月
消火栓	外观和漏水检查	每季
水泵接合器	检查完好状况	每月
	通水试验	每年
过滤器	排渣、完好状态	每年
储水设备	检查结构材料	每年
系统联锁试验	消火栓和其他水灭火系统等运行功能	每年
消防泵水房、水箱间、报警阀间、减法阀间等供水设备间	检查室温	(冬季)每天

6.2.2.1　消防水源的维护管理

消防水源的维护管理应符合下列规定：

(1)每季度监测市政给水管网的压力和供水能力；

(2)每年对天然河湖等地表水消防水源的常水位、枯水位、洪水位，以及枯水位流量或蓄水量等进行一次检测；

(3)每年对水井等地下水消防水源的常水位、最低水位、最高水位和出水量等进行一次测定；

(4)每月对消防水池、高位消防水池、高位消防水箱等消防水源设施的水位等进行一次检测；消防水池(箱)玻璃水位计两端的角阀在不进行水位观察时应关闭；

(5)在冬季，每天要对消防储水设施进行室内温度和水温检测，当结冰或室内温度低于5℃时，要采取确保不结冰和室温不低于5℃的措施；

(6)每年应检查消防水池、消防水箱等蓄水设施的结构材料是否完好，发现问题时，及时处理；

(7)永久性地表水、天然水源消防取水口有防止水生生物繁殖的管理技术措施。

6.2.2.2　供水设施设备的维护管理

供水设施的维护管理应符合下列规定：

(1)每月应手动启动消防水泵运转一次，并检查供电电源的情况；

(2)每周应模拟消防水泵自动控制的条件自动启动消防水泵运转一次，且自动记录自动巡检情况，每月应检测记录；

(3)每日对稳压泵的停泵启泵压力和启泵次数等进行检查和记录运行情况；

(4)每日对柴油机消防水泵的启动电池的电量进行检测，每周检查储油箱的储油量，每月应手动手动启动柴油机消防水泵运行一次；

(5)每季度应对消防水泵的出流量和压力进行一次试验；

(6)每月对气压水罐的压力和有效容积等进行一次检测。

6.2.2.3 水泵接合器的维护管理

水泵接合器的维护管理应符合下列规定：

(1)水泵接合器应无破损、变形、锈蚀及操作障碍，连接阀门应处于开启状态；

(2)每季度应对消防水泵接合器的接口及附件进行一次检查，并应保证接口完好、无渗漏、闷盖齐全；

(3)水泵接合器处应设有永久性标志铭牌，并应标明供水系统、供水范围和额定压力。

6.2.2.4 阀门与过滤器的维护管理

阀门与过滤器的维护管理应符合下列规定：

(1)每月应对减压阀组进行一次放水试验，并应检测和记录减压阀前后的压力，当不符合设计值时，应采取满足系统要求的调试和维修等措施；

(2)每年应对减压阀的流量和压力进行一次试验；

(3)雨淋阀的附属电磁阀应每月检查，并应作启动试验，动作失常时，应及时更换；

(4)系统上所有的控制阀门均应采用铅封或锁链固定在开启或规定的状态，每月应对铅封、锁链进行一次检查，当有破坏或损坏时，应及时修理更换；

(5)每月应对电动阀和电磁阀的供电和启闭性能进行检测；

(6)每季度应对室外阀门井中、进水管上的控制阀门进行一次检查，并应核实其处于全开启状态；

(7)每天应对水源控制阀、报警阀组进行外观检查，并应保证系统处于无故障状态；

(8)每季度应对系统所有的末端试水阀和报警阀的放水试验阀进行一次放水试验，并应检查系统启动、报警功能及出水情况是否正常；

(9)在市政供水阀门处于完全开启状态时，每月应对倒流防止器的压差进行检测，且应符合《减压型倒流防止器》(GB/T 25178—2020)和《双止回阀倒流防止器》(CJ/T 160—2010)等的有关规定；

(10)每年应对系统过滤器进行至少一次排渣，并应检查过滤器是否处于完好状态，当堵塞或损坏时，应及时检修。

6.2.2.5 室外消火栓系统的维护管理

室外消火栓包括地下式消火栓和地上式消火栓两种类型，应分别进行检查。

1. 地下式消火栓的维护管理

地下式消火栓应每季度进行一次外观和漏水检查，其内容主要包括：

(1)用专用扳手转动消火栓启闭杆，观察其灵活性。必要时，应加注润滑油；

(2)检查橡胶垫圈等密封件有无损坏、老化或丢失等情况；

(3)检查栓体外表油漆有无脱落，有无锈蚀，如有，应及时修补；

(4)入冬前，检查消火栓的防冻设施是否完好；

(5)重点部位消火栓，每年应逐一进行一次出水试验，出水应满足压力要求，在检查中可使用压力表测试管网压力，或者连接水带做射水试验，检查管网压力是否正常；

(6)随时消除消火栓井周围及井内可能积存杂物；

(7)地下消火栓应有明显标志，要保持室外消火栓配套器材和标志的完整有效。

2. 地上式消火栓的维护管理

地上式消火栓应每季度进行一次外观和漏水检查，其内容主要包括：

(1)用专用扳手转动消火栓启动杆，检查其灵活性，必要时加注润滑油；

(2)检查出水口闷盖是否密封，有无缺损；

(3)检查栓体外表油漆有无剥落、有无锈蚀，如有，应及时修补；

(4)每年开春后、入冬前，对地上消火栓逐一进行出水试验。出水应满足压力要求，我们在检查中可使用压力表测试管网压力，或者连接水带做射水试验，检查管网压力是否正常；

(5)定期检查消火栓前端阀门井；

(6)保持配套器材的完备有效，无遮挡。

室外消火栓系统的检查除上述内容外，还应包括与有关单位联合进行的消防水泵、消防水池的一般性检查，如经常检查消防水泵各种闸阀是否处于正常状态，消防水池水位是否符合要求。

6.2.2.6　室内消火栓系统的维护管理

室内消火栓箱内应经常保持清洁、干燥，防止锈蚀、碰伤或其他损坏。每季度至少进行一次外观和漏水检查。主要内容有：

(1)检查消火栓和消防卷盘供水闸阀是否渗漏水，若渗漏水及时更换密封圈；

(2)对消防水枪、水带、消防卷盘及其他附件进行检查，全部附件应齐全完好，卷盘转动灵活；

(3)检查报警按钮、指示灯及控制线路，应功能正常、无故障；

(4)消火栓箱及箱内装配的部件外观无破损、涂层无脱落，箱门玻璃完好无缺；

(5)对消火栓、供水阀门及消防卷盘等所有转动部位应定期加注润滑油。

6.2.2.7　自动喷水灭火系统的维护管理

1. 系统巡查

自动喷水灭火系统巡查主要是针对系统组件外观、现场运行状态、系统检测装置工作状态、安装部位环境条件等实施的日常巡查。

1)自动喷水灭火系统巡查内容

主要包括如下内容：

(1)喷头外观及其周边障碍物、保护面积等；

(2)报警阀组外观、报警阀组检测装置状态、排水设施状况等；

(3)充气设备、排气装置及其控制装置、火灾探测传动、液(气)动传动及其控制装置、现场手动控制装置等外观、运行状况；

(4)系统末端试水装置、楼层试水阀及其现场环境状态，压力监测情况等；

(5)系统用电设备的电源及其供电情况。

2)巡查方法及要求

采用目测观察的方法，检查系统及其组件外观、阀门启闭状态、用电设备及其控制装置工作状态和压力监测装置(压力表、压力开关)工作情况。

(1)喷头：建筑使用管理单位按照下列要求对喷头进行巡查：

①观察喷头与保护区域环境是否匹配，判定保护区域使用功能、危险性级别是否发生变更；

②检查喷头外观有无明显磕碰伤痕或者损坏，有无喷头漏水或者被拆除等情况；

③检查保护区域内是否有影响喷头正常使用的吊顶装修，或者新增装饰物、隔断、高大家具以及其他障碍物；若有上述情况，则采用目测、尺量等方法，检查喷头保护面积、与障碍物间距等是否发生变化。

(2)报警阀组：建筑使用管理单位按照下列要求对报警阀组进行巡查：

①检查报警阀组的标志牌是否完好、清晰，阀体上水流指示永久性标识是否易于观察，与水流方向是否一致；

②检查报警阀组组件是否齐全，表面有无裂纹、损伤等现象；

③检查报警阀组是否处于伺应状态，观察其组件有无漏水等情况；

④检查报警阀组设置场所的排水设施有无排水不畅或者积水等情况；

⑤检查干式报警阀组、预作用装置的充气设备、排气装置及其控制装置的外观标志有无磨损、模糊等情况，相关设备及其通用阀门是否处于工作状态；控制装置外观有无歪斜翘曲、磨损划痕等情况，其监控信息显示是否准确；

⑥检查预作用装置、雨淋报警阀组的火灾探测传动、液(气)动传动及其控制装置、现场手动控制装置的外观标志有无磨损、模糊等情况，控制装置外观有无歪斜翘曲、磨损划痕等情况，其显示信息是否准确。

(3)末端试水装置和试水阀巡查：建筑使用管理单位按照下列要求对末端试水装置、楼层试水阀进行巡查：

①检查系统(区域)末端试水装置、楼层试水阀的设置位置是否便于操作和观察，有无排水设施；

②检查末端试水装置设置是否正确；

③检查末端试水装置压力表，能否准确监测系统、保护区域最不利点静压值。

(4)系统供电巡查：建筑使用管理单位按照下列要求对系统供电情况进行巡查：

①检查自动喷水灭火系统的消防水泵、稳压泵等用电设备配电控制柜，观察其电压、电流监测是否正常，水泵启动控制和主、备泵切换控制是否设置在“自动”位置；

②检查系统监控设备供电是否正常，系统中的电磁阀、模块等用电元器(件)是否通电。

3)巡查周期

建筑管理使用单位至少每日组织一次系统全面巡查。

2. 系统周期性检查维护

1)每月检查项目

(1)下列项目至少每月进行一次检查与维护：

①电动、内燃机驱动的消防水泵(稳压泵)启动运行测试；当消防水泵为自动控制启动时，应每月模拟自动控制的条件启动运转一次；

②喷头完好状况、备用量及异物清除等检查；

③系统所有阀门状态及其铅封、锁链完好状况检查；

④消防气压给水设备的气压、水位测试，消防水池、消防水箱的水位以及消防用水不被挪用的技术措施检查；

⑤水泵接合器完好性检查；

⑥报警阀启动性能测试；

⑦电磁阀启动试验；

⑧水流指示器报警试验。

(2)检查方法：

①采用手动启动或者模拟启动试验进行检查，发现异常问题的，应检查消防水泵使用性能以及系统控制设备的控制模式、控制模块状态等。属于控制方式不符合规定要求的，应调整控制方式；属于设备、部件损坏、失常的，须及时更换；属于供电、燃料供给不正常的，应对电源、热源及其管路进行报修；属于泵体、管道存在局部锈蚀的，应进行除锈处理；水泵、电动机的旋转轴承等部位，及时清理污渍、除锈、更换润滑油；

②喷头外观及备用数量检查，发现有影响正常使用的情况(如溅水盘损坏、溅水盘上存在影响使用的异物等)，应及时更换喷头，清除喷头上的异物；更换或者安装喷头应使用专用扳手；对于备用喷头数量不足的，须及时按照单位程序采购补充；

③系统各个控制阀门铅封损坏，或者锁链未固定在规定状态的，及时更换铅封，调整锁链至规定的固定状态；发现阀门有漏水、锈蚀等情形的，更换阀门密封垫，修理或者更换阀门，对锈蚀部位进行除锈处理；

④检查消防水池、消防水箱以及消防气压给水设备，发现水位不足、气体压力不足时，查明原因，及时补足消防用水和消防气压给水设备水量、气压；

⑤查看消防水泵接合器的接口及其附件，发现闷盖、接口等部件有缺失的，及时采购安装；发现有渗漏的，检查相应部件的密封垫完好性，查找管道、管件因锈蚀、损伤等出现的渗漏；属于密封垫密封不严的，调整密封垫位置或者更换密封垫；属于管件锈蚀、损伤的，更换管件或进行防锈、除锈处理；

⑥利用报警阀旁的放水试验阀，检查报警阀组功能及其出水情况；

⑦对电磁阀进行启动试验，发现电磁阀动作失常的，及时采购更换；

⑧利用末端试水装置、楼层试水阀对水流指示器进行动作、报警检查试验时，首先检查消防联动控制设备和末端试水装置、楼层试水阀的完好性，符合试验条件的，开启末端试水装置或者试水阀，发现水流指示器在规定时间内不报警时，首先检查水流指示器的控制线路，若存在断路、接线不实等情况，则重新接线至正常；之后，检查水流指示器，发

现有异物、杂质等卡阻桨片的，及时清除异物、杂质；发现调整螺母与触头未到位的，重新调试到位。

2)季度检查项目

(1)下列项目至少每季度进行一次检查与维护：

①室外阀门井中的控制阀门开启状况及其使用性能测试；

②所有末端试水阀和报警阀旁的放水试验阀的放水试验。

(2)检查方法：

①检查室外阀门井情况，发现阀门井积水、有垃圾或者有杂物的，及时排除积水，清除垃圾、杂物；发现管网中的控制阀门未完全开启或者关闭的，完全开启到位；发现阀门有漏水情况的，按照要求查漏、修复、更换和除锈；

②分别利用系统末端试水装置、楼层试水阀和报警阀组旁的放水试验阀等测试装置进行放水试验，全面检查系统启动、报警功能以及出水情况。

3)年度检查项目

(1)下列项目至少每年进行一次检查与维护：

①水源供水能力测试；

②水泵接合器通水加压测试；

③储水设备结构材料检查；

④水泵流量性能测试；

⑤系统联动测试。

(2)检查方法：

①组织实施水源供水能力测试、水泵流量性能测试和水泵接合器通水加压试验；

②检查消防储水设备结构、材料，对于缺损、锈蚀等情况及时进行修补缺损和重新涂漆；

③系统联动试验按照验收、检测要求组织实施，可结合年度检测一并组织实施。

6.2.2.8 消火栓系统常见故障分析及处理办法

消火栓系统常见故障分析及处理办法详见表6-6。

表6-6 **消火栓系统常见故障分析及处理**

故障现象	原因分析	故障处理方法
室外消火栓系统无水	消防供水管道上闸阀处于关闭状态； 室外消火栓系统未连接供水管网； 供水管网无水	检查供水管网； 检查供水管网与消火栓连接方式； 检查阀门设置与开启状态
室外消火栓系统压力不足	给水管网上常开阀门未完全开启； 给水管网有泄漏点； 消防给水管道堵塞，防冻措施失效，导致管网内水体结冰堵塞； 消防水源供水压力不足	检查水源的供水压力； 检查管网、防冻措施、冲洗试压情况； 检查阀门设置与开启状态

续表

故障现象	原因分析	故障处理方法
消防管网振动大，发出异响	消火栓水泵出水管未采用柔性连接； 管网支吊架松动； 管网未设自动排气阀； 管网流速过快	检查消火栓泵出水管是否安装柔性接头； 检查支吊架安装情况； 检查管网最高点处是否设置自动排气阀； 检查管网管径设计合理性
室内消火栓本体漏水	阀盖、阀体、旋转部件有破损或密封件失效； 阀座与阀瓣部件密封失效； 阀杆密封件失效	检查阀盖、阀体、阀杆、旋转部件有无明显变形、破裂； 更换渗漏处密封件； 检查阀瓣密封处有无异物
水带、水枪、消火栓接口渗漏	水带、水枪、接口本体破损或密封件失效； 接口密封处渗漏	检查水带、水枪、接口，更换破损件； 检查接口密封面和密封件
软管卷盘渗漏	软管破损； 卷盘接头松动； 卷盘转动部件密封损坏	转动卷盘，拉出软管检查； 拧紧接头并维修
消火栓栓口出水压力不足	消火栓泵选型不当； 系统管网堵塞； 减压装置设置不合理或故障； 管网有泄漏点	检查消火栓泵选型，核对工况曲线是否符合设计要求； 检查系统管网有无异物堵塞或气阻现象； 检查系统管网上的减压阀、减压孔板或节流管，并检查具有减压功能的消火栓设置是否合理； 检查管网是否有泄漏之处
室内消火栓无水或压力过小	系统管网管道中有漏水点； 系统管网有阀门已经关闭； 稳压泵不起作用或设置不当	检查漏水点，修复稳压泵，确保消火栓管网有水且保证最不利消火栓处最小静压和动压
消防水泵启动后，稳压泵未能停止	稳压泵压力电接点压力表选型或设定错误	检查电接点压力表选型； 检查电接点压力表设定情况
消防水泵自动停止	消防水泵出水管上采用了双触点的电接点压力表，并设置了自动停泵功能； 消防水泵供电出现问题	采用低压压力开关，合理设定动作值； 保证双电源供电，并可实现互投

6.2.2.9　湿式自动喷水灭火系统常见故障分析及处理办法

湿式自动喷水灭火系统常见故障分析及处理办法详见表 6-7。

表6-7 湿式自动喷水灭火系统常见故障分析及处理

故障现象	原因分析	故障处理方法
报警阀组漏水	排水阀门未完全关闭； 阀瓣密封垫老化或者损坏； 系统侧管道接口渗漏； 报警管路测试控制阀渗漏； 阀瓣组件与阀座之间因变形或者污垢、杂物阻挡而出现不密封状态	关紧排水阀门； 更换阀瓣密封垫； 检查系统侧管道接口渗漏点。密封垫老化、损坏的，更换密封垫；密封垫错位的，重新调整密封垫位置；管道接口锈蚀、磨损严重的，更换管道接口相关部件； 更换报警管路测试控制阀； 先放水冲洗阀体、阀座，存在污垢、杂物的，经冲洗后，渗漏减少或者停止；否则，关闭进水口侧和系统侧控制阀，卸下阀板，仔细清洁阀板上的杂质；拆卸报警阀阀体，检查阀瓣组件、阀座，存在明显变形、损伤、凹痕的，更换相关部件
报警阀启动后报警管路不排水	报警管路控制阀关闭； 报警管路过滤器被堵塞	开启报警管路控制阀； 报警管路过滤器被堵塞的，卸下过滤器，冲洗干净后重新安装回原位
报警管路误报警	未按照安装图样安装或者未按照调试要求进行调试； 报警阀组渗漏，水通过报警管路流出； 延迟器下部孔板溢出水孔堵塞，发生报警或者缩短延迟时间	按照安装图样核对报警阀组组件安装情况，重新对报警阀组伺应状态进行调试； 按照上述故障“报警阀组漏水”查找渗漏原因，进行相应处理； 延迟器下部孔板溢出水孔堵塞，卸下筒体，拆下孔板进行清洗
水力警铃工作不正常(不响、响度不够、不能持续报警)	产品质量问题或者安装调试不符合要求； 报警阀至水力警铃的管路阻塞或者铃锤机构被卡住	属于产品质量问题的，更换水力警铃；安装缺少组件或者未按照图样安装的，重新进行安装调试； 拆下喷嘴、叶轮及铃锤组件，进行冲洗，重新装好，使叶轮转动灵活；清理管路堵塞处
开启测试阀，消防水泵不能正常自动启动	流量开关或者压力开关设定值不正确； 控制柜控制回路或者电气元件损坏； 水泵控制柜未设定在“自动”状态	将流量开关或者压力开关内的调压螺母调整到规定值； 检修控制柜控制回路或者更换电气元件； 将控制模式设定为“自动”状态
打开末端试水装置，达到规定流量时水流指示器不动作	桨片被管腔内杂物卡阻； 调整螺母与触头未调试到位	清除水流指示器管腔内的杂物； 将调整螺母与触头调试到位
关闭末端试水装置后，水流指示器反馈信号仍然显示为动作信号	水流指示器反馈信号电路接线脱落	检查并重新将脱落电路接线接通

6.2.3　消防排水系统的维护与运行管理

当建筑中设置有消防给水系统时，还需设置消防排水，以保护财产安全，保障消防设备在火灾时能正常运行。同时，在对消防给水系统进行维护管理时，需要进行相应放水检查测试，比如通过消火栓试水装置测试出水压力值，通过自动喷水灭火系统末端试水装置测试系统功能及测试消防水泵出水流量和压力等，这些只有在消防排水正常时才能够进行，所以消防排水系统的维护与运行管理是日常必不可少的一项工作。

消防排水系统的维护与运行管理主要是保证其无堵塞，系统试验时无排水不畅或者给水情况，主要内容有：

(1)每日查看消防水池、消防水泵房及高位消防水箱所在楼层地面有无积水，溢流管路排水是否畅通；

(2)每季度测试消防水泵的流量和压力，打开试水阀，查看排水管道是否畅通；

(3)每季度测试自动喷水灭火系统末端试水装置、报警阀的试水阀、报警管路排水管是否畅通；

(4)每半年测试消火栓试水装置的排水是否畅通，有无积水；

(5)每年检查消防电梯排水井外观是否完好，表面有无开裂和脱落，井底有无杂物和淤泥，排水泵启闭功能是否正常，排水能力是否符合设计要求。

(6)每年测试消防水池、高位消防水箱排水阀，查看排水管路是否畅通，排水能力是否满足设计要求。

附录1　消防给水及消火栓系统查验报告

工程名称：＿＿＿＿＿＿＿＿＿＿＿＿

查验内容：建筑给水排水及供暖

查验单位：＿＿＿＿＿＿＿＿＿＿＿＿

编制日期：＿＿＿＿年＿＿＿月＿＿＿日

说　　明

1. 此报告由建设单位组织设计、监理、施工、消防专业分包及技术服务机构对工程消防设计及合同约定的各项内容进行查验后填写并加盖公章。填写前请仔细阅读《中华人民共和国消防法》《建设工程消防设计审查验收管理暂行规定》等法律法规规章及政策文件。

2. 各单位应如实填写各项内容，对所填内容的真实性负责，不得虚构、伪造或编造查验情况，否则将承担相应的法律后果。

3. 填写应使用钢笔和能够长期保存字迹的墨水或打印，字迹清晰，文面整洁，不得涂改，增删无效。

4. 表格设定的栏目，应逐项填写；不需填写的，应画"＼"。表格中的"□"，表示可供选择，在选中内容的"□"内画"✓"。建设单位的法定代表人、项目负责人、联系人姓名和联系电话必须填写。

5. 有距离、高度、宽度、长度、面积、厚度等要求的内容，其与设计图纸标示的数值误差满足国家工程建设消防技术标准的要求；国家工程建设消防技术标准没有数值误差要求的，误差不超过5%，且不影响正常使用功能和消防安全。

6. 查验结论应明确是否合格，对不合格项应说明理由。

7. 本报告无法人公章无效。

目 录

分部分项工程消防查验报告

<table>
<tr><td>工程名称</td><td colspan="9"></td></tr>
<tr><td>建设单位</td><td colspan="3"></td><td colspan="2">联系人</td><td colspan="2"></td><td>联系电话</td><td></td></tr>
<tr><td rowspan="7">工程概况</td><td>建筑类别</td><td colspan="8"></td></tr>
<tr><td rowspan="6">规模</td><td rowspan="2">单体建筑名称</td><td rowspan="2">使用性质</td><td colspan="2">面积(m^2)</td><td colspan="2">高度(m)</td><td colspan="2">层数</td></tr>
<tr><td>地下</td><td>地上</td><td>地下</td><td>地上</td><td>地下</td><td>地上</td></tr>
<tr><td></td><td></td><td></td><td></td><td></td><td></td><td></td><td></td></tr>
<tr><td></td><td></td><td></td><td></td><td></td><td></td><td></td><td></td></tr>
<tr><td></td><td></td><td></td><td></td><td></td><td></td><td></td><td></td></tr>
<tr><td></td><td></td><td></td><td></td><td></td><td></td><td></td><td></td></tr>
<tr><td rowspan="5">结论汇总</td><td>序号</td><td>项　目</td><td colspan="5">查验记录</td><td colspan="2">查验结论</td></tr>
<tr><td>1</td><td>完成工程消防设计和合同约定的消防各项内容</td><td colspan="5">已完成工程消防设计和合同约定的消防各项内容</td><td colspan="2">□已完成
□未完成</td></tr>
<tr><td>2</td><td>消防技术档案、施工管理资料</td><td colspan="5">共______项，经查验符合规定______项</td><td colspan="2">□合格
□不合格</td></tr>
<tr><td>3</td><td>涉及消防给水及消火栓系统的各分部分项工程验收</td><td colspan="5">共______分项，经查验符合设计及标准规定______分项</td><td colspan="2">□合格
□不合格</td></tr>
<tr><td>4</td><td>消防给水及消火栓系统性能、系统功能联调联试</td><td colspan="5">共______分项，经查验符合设计及标准规定______分项</td><td colspan="2">□合格
□不合格</td></tr>
</table>

续表

<table>
<tr><td rowspan="5">查验会签</td><td>施工单位：(单位印章)</td><td>项目负责人：(签章)

年　月　日</td></tr>
<tr><td>监理单位：(单位印章)</td><td>监理工程师：(签章)

年　月　日</td></tr>
<tr><td>设计单位：(单位印章)</td><td>项目负责人：(签章)

年　月　日</td></tr>
<tr><td>建设单位：(单位印章)</td><td>项目负责人：(签章)

年　月　日</td></tr>
<tr><td>查验单位：(单位印章)</td><td>项目负责人：(签章)

年　月　日</td></tr>
</table>

A 消防给水及消火栓系统查验汇总表

子分部工程			分项工程	所属分部工程	是否符合经审查合格的消防设计文件、施工及验收规范要求	备注
一	消防水源施工与安装		消防水池安装和施工质量	建筑给水排水及供暖	□是　□否	
			高位水箱安装和施工质量		□是　□否	
			河湖海水库(塘)作为室外水源时取水设施的安装和施工		□是　□否	
			市政给水入户管和地下水井等		□是　□否	
二	供水设施安装与施工		消防水泵		□是　□否	
			高位消防水箱		□是　□否	
			稳压泵安装和气压罐安装		□是　□否	
			消防水泵接合器安装的取水设施的安装		□是　□否	
三	供水管网		管网施工与安装		□是　□否	
四	水灭火系统		室外消火栓		□是　□否	
			室内消火栓		□是　□否	
五	系统试压和冲洗		水压试验、气压试验、冲洗		□是　□否	
六	系统验收		消防水源检查验收		□是　□否	
			消防水泵房的验收		□是　□否	
			消防水泵验收		□是　□否	
			稳压泵验收		□是　□否	
			减压阀验收		□是　□否	
			消防水池、高位消防水池和高位水箱验收		□是　□否	
			气压水罐验收		□是　□否	
			干式消火栓系统报警阀组的验收		□是　□否	
			管网验收		□是　□否	
			消火栓验收		□是　□否	
			消防水泵接合器验收		□是　□否	
			消防给水系统流量、压力的验收		□是　□否	
			控制柜的验收		□是　□否	
			系统模拟灭火功能试验		□是　□否	

注：消防给水及消火栓系统分部工程质量应符合现行国家标准的规定，上述分项工程查验内容如未设置时，应在备注栏内注明。

B1 消防给水及消火栓系统概况及查验数量一览表

消防给水及消火栓系统概况					
名称	安装数量	设置位置	查验抽样数量要求	查验抽样数量	查验位置
消防水泵房			全数查验		
消防水池			全数查验		
高位消防水箱			全数查验		
消防水泵			全数查验		
稳压装置			全数查验		
水泵接合器			全数查验		
干式阀			全数查验		
水力警铃			全数查验		
压力开关（干式阀）			全数查验		
压力开关（管网）			全数查验		
流量开关			全数查验		
消火栓			室外消火栓应全数查验；室内消火栓每个供水分区最有利、最不利处均应查验； 按实际数量10%的比例查验，但查验总数每个供水分区不应少于10个		
消火栓按钮（设有时）			按实际数量5%的比例查验，但每个报警区域均应查验		
管网			室外消火栓管网应全数查验；室内消火栓每个供水分区均应查验； 按实际数量20%的比例查验，但不应少于5处		
管网排气阀			全数查验		

注：1. 表中的查验数量均为最低要求；

2. 各查验项目中有不合格的，应修复或更换，并应进行复验；

3. 复验时，对有查验比例要求的，应加倍查验。

B2 消防给水及消火栓系统图(略)

B3 消防给水及消火栓系统施工现场质量管理查验情况汇总

<table>
<tr><td>工程名称</td><td></td><td>施工许可证</td><td></td></tr>
<tr><td>建设单位</td><td></td><td>项目负责人</td><td></td></tr>
<tr><td>设计单位</td><td></td><td>项目负责人</td><td></td></tr>
<tr><td>监理单位</td><td></td><td>项目负责人</td><td></td></tr>
<tr><td>施工单位</td><td></td><td>项目负责人</td><td></td></tr>
<tr><td rowspan="2">资料查验</td><td colspan="3">查验内容：
消防给水及消火栓系统施工现场质量管理检查记录×××份，其具体支撑文件或表格：
□1. 质量管理体系文件及质量运行记录×××份；
□2. 质量责任制文件及相应记录×××份；
□3. 特种作业审批记录(如动火证审批记录等)×××份；
□4. 施工图审查报告、特殊建设工程消防设计审查意见书等法律文书×××份；
□5. 施工图组织设计、施工方案；
□6. 施工技术标准：经批准的施工图、设计说明书、设计变更通知单、技术交底单等×××份；产品质量有效证明文件×××份；
□7. 工序交接、相关专业工程之间交接等质量检查记录×××份；
□8. 现场材料、设备管理制度及记录×××份；
□9. 查验问题整改清单×××份。</td></tr>
<tr><td colspan="3">查验过程：
××××年××月××日×××公司提供核查资料×××份，经现场核验×××份……(核查情况描述)；
××××年××月××日×××公司提供核查资料×××份，经现场核验×××份……(核查情况描述)</td></tr>
<tr><td>查验结论</td><td colspan="3">经核查，施工现场质量管理检查、资料核查均能按规范执行并形成相应记录，记录完整、齐全，符合《消防给水及消火栓系统技术规范》(GB 50974—2014)规范要求。</td></tr>
</table>

B4 消防给水及消火栓系统试压查验情况汇总

<table>
<tr><td>工程名称</td><td></td><td>建设单位</td><td></td></tr>
<tr><td>施工单位</td><td></td><td>监理单位</td><td></td></tr>
<tr><td rowspan="2">资料查验</td><td colspan="3">查验内容：
□1. 消防给水及消火栓系统管网试压记录×××份，其具体支撑文件或表格；
□2. 查验问题整改清单×××份。</td></tr>
<tr><td colspan="3">查验过程：
××××年××月××日×××公司提供核查资料×××份，经现场核验×××份(管段号：×××，材质：×××，系统工作压力(MPa)：×××，温度(℃)：×××，压力试验介质：×××，压力试验压力(MPa)：×××，时间(min)：×××，结论：×××)；
××××年××月××日×××公司提供核查资料×××份，经现场核验×××份(管段号：×××，材质：×××，系统工作压力(MPa)：××××，温度(℃)：×××，压力试验介质：××，压力试验压力(MPa)：×××，时间(min)：×××，结论：……)</td></tr>
<tr><td>查验结论</td><td colspan="3">经核查，管道安装完毕后，能按规范要求进行压力试验，试验压力、稳压时间符合规范要求，并填写相应记录表格，记录完整、齐全，符合《消防给水及消火栓系统技术规范》(GB 50974—2014)规范要求。</td></tr>
</table>

B5 消防给水及消火栓系统管网冲洗查验情况汇总

<table>
<tr><td>工程名称</td><td></td><td>建设单位</td><td></td></tr>
<tr><td>施工单位</td><td></td><td>监理单位</td><td></td></tr>
<tr><td rowspan="2">资料查验</td><td colspan="3">查验内容：
□1. 消防给水及消火栓系统管网冲洗记录×××份，其具体支撑文件或表格；
□2. 查验问题整改清单×××份。</td></tr>
<tr><td colspan="3">查验过程：
××××年××月××日×××公司提供核查资料×××份，经现场核验×××份(管段号：×××，材质：×××，冲洗介质：×××，冲洗压力(MPa)：×××，流速(m/s)：×××，流量(L/S)：×××，冲洗次数：×××，结论：××××……)；
××××年××月××日×××公司提供核查资料×××份，经现场核验×××份，(管段号：×××，材质：×××，冲洗介质：×××，冲洗压力(MPa)：×××，流速(m/s)：×××，流量(L/S)：×××，冲洗次数：×××，结论：××××……)</td></tr>
<tr><td>查验结论</td><td colspan="3">经核查，管道试压合格后，能按规范要求，采用最大设计流量，沿灭火时管网内的水流方向分区、分段进行冲洗，并填写相应记录表格，记录完整、齐全，符合《消防给水及消火栓系统技术规范》(GB 50974—2014)规范要求。</td></tr>
</table>

B6 消防给水及消火栓系统联锁试验查验情况汇总

工程名称			建设单位		
施工单位			监理单位		
系统类型	启动信号	联动组件动作			
		名称	是否开启	要求动作时间	实际动作时间
消防给水				—	—
湿式消火栓系统	末端试水装置	消防水泵		—	—
		压力开关(管网)			
		高位消防水箱水流开关			
		稳压泵			
干式消火栓系统	模拟消火栓动作	干式阀等快速启闭装置			
		水力警铃		—	—
		压力开关		—	—
		充水时间		5min	
		压力开关(管网)			
		高位消防水箱水流开关			
		消防水泵			
		稳压泵			

B7 消防给水及消火栓系统工程质量控制资料查验情况汇总

<table>
<tr><td>工程名称</td><td colspan="3"></td></tr>
<tr><td>建设单位</td><td></td><td>设计单位</td><td></td></tr>
<tr><td>监理单位</td><td></td><td>施工单位</td><td></td></tr>
<tr><td rowspan="2">资料查验</td><td colspan="3">查验内容：
消防给水及消火栓系统工程质量控制资料核查记录×××份，其具体支撑文件或表格：
□1. 经批准的施工图、设计说明书及设计变更通知书×××份；
□2. 竣工图等相关文件×××份；
□3. 产品市场准入文件、产品质量检验文件等合法性文件×××份(消防水泵、消火栓、消防水带、消防水枪、消防软管卷盘或轻便水龙、报警阀组、电动(磁)阀、压力开关、流量开关、消防水泵接合器、沟槽连接件等的产品出厂合格证和符合市场准入制度规定的有效证明文件)；
□4. 成套设备及主要零配件的产品说明书×××份；
□5. 施工过程检查记录×××份(消防给水及消火栓系统主配件进场检验记录，系统安装过程检查记录，系统调试过程检查记录)；
□6. 消防给水及消火栓系统隐蔽工程质量验收记录×××份；
□7. 新技术论证、备案及施工记录×××份；
□8. 查验问题整改清单×××份。</td></tr>
<tr><td colspan="3">查验过程：
××××年××月××日×××公司提供核查资料×××份，经现场核验×××份……(核查情况描述)；
××××年××月××日×××公司提供核查资料×××份，经现场核验×××份……(核查情况描述)</td></tr>
<tr><td>查验结论</td><td colspan="3">经核查，施工现场质量控制、资料核查均能按规范要求执行，并填写相应记录表格，记录完整、齐全，符合《消防给水及消火栓系统技术规范》(GB 50974—2014)规范要求。</td></tr>
</table>

B8 消防给水设施工程质量查验情况汇总

<table>
<tr><td colspan="2">工程名称</td><td colspan="6"></td></tr>
<tr><td colspan="2" rowspan="2">检查项目名称</td><td rowspan="2">GB 50974
条款</td><td colspan="2">查验内容</td><td colspan="3">查验结果</td></tr>
<tr><td>查验要求</td><td>查验方法</td><td>查验情况</td><td>结论</td><td>备注</td></tr>
<tr><td rowspan="4">1</td><td rowspan="4">消防水源</td><td>13.2.4
第1款</td><td>查看室外给水管网的进水管管径及供水能力</td><td>对照设计资料直观检查</td><td></td><td></td><td></td></tr>
<tr><td>13.2.4
第2款</td><td>查看天然水源水位、水量、水质、消防车取水高度</td><td>对照设计资料直观检查</td><td></td><td></td><td></td></tr>
<tr><td>13.2.4
第3款</td><td>天然水源枯水期最低水位时确保消防用水的技术措施</td><td>对照设计资料直观检查</td><td></td><td></td><td></td></tr>
<tr><td>13.2.4
第4款</td><td>地下水井常水位、最低水位、出水量和水位测量装置</td><td>对照设计资料直观检查</td><td></td><td></td><td></td></tr>
<tr><td rowspan="4">2</td><td rowspan="4">消防水池</td><td>13.2.9
第1款</td><td>查看设置位置</td><td>对照设计资料直观检查</td><td></td><td></td><td></td></tr>
<tr><td>13.2.9
第2款</td><td>有效容量</td><td>对照设计资料尺量检查</td><td></td><td></td><td></td></tr>
<tr><td>13.2.9
第2款</td><td>水位显示及报警装置</td><td>对照设计资料直观检查</td><td></td><td></td><td></td></tr>
<tr><td>13.2.9
第3款</td><td>进水管、溢流管、排水管设置，溢流管是否间接排水</td><td>直观检查</td><td></td><td></td><td></td></tr>
</table>

续表

工程名称							
检查项目名称		GB 50974 条款	查验内容		查验结果		
			查验要求	查验方法	查验情况	结论	备注
3	消防水箱	13.2.9 第1款	查看设置位置	直观检查			
		13.2.9 第2款	有效容积、查看补水措施	对照设计资料直观及尺量检查			
		13.2.9 第2款	水位显示及报警装置	对照设计资料直观检查			
		13.2.9 第3款	进水管、溢流管、排水管设置，溢流管是否间接排水	直观检查			
4	消防水泵房	13.2.5 第1款	建筑防火要求	对照图纸直观检查			
		13.2.5 第2款	消防水泵房应急照明、安全出口的设置	对照图纸直观检查			
		13.2.5 第3款	消防水泵房的采暖通风、排水和防洪等	对照图纸直观检查			
		13.2.5 第4款	消防水泵房的设备井出和维修安装空间	对照图纸直观检查			
		13.2.5 第5款	消防水泵控制柜的安装位置和防护等级	对照图纸直观检查			
5	消防水泵安装	13.2.6 第1款	查看水泵规格、型号和数量	对照设计资料直观检查			
		13.2.6 第2款	吸水管、出水管及出水管上的泄压阀、水锤消除设施、止回阀、信号阀等的规格、型号、数量；吸水管、出水管上的控制阀应锁定在常开位置，有明显标记	直观检查			
		13.2.6 第3款	吸水方式	直观检查			

续表

工程名称							
检查项目名称		GB 50974 条款	查验内容		查验结果		
			查验要求	查验方法	查验情况	结论	备注
6	消防水泵性能	13.2.6 第4款	打开每一个末端试水装置和试水阀和试验消火栓，水流指示器、压力开关、压力开关(管网)、高位水箱流量开关等信号功能	采用仪器检测			
		13.2.6 第5款	主、备电源切换功能	直观检查和采用仪表检测			
		13.2.6 第5款	备用电源启动消防水泵时，消防水泵投入正常运行的时间	直观检查和采用仪表检测			
		13.2.6 第5款	手动或自动启泵时，消防水泵投入正常运行的时间	直观检查和采用仪表检测			
		13.2.6 第5款	主备泵切换功能、消防水泵就地和远程启停功能	直观检查和采用仪表检测			
		13.2.6 第6款	消防水泵停泵时，水锤消除设施后的压力	直观检查和采用仪表检测			
		13.2.6 第7款	消防水泵启动控制是否置于自动挡	直观检查			
		13.2.6 第8款	采用固定和移动式流量计和压力表测试消防水泵的性能	直观检查和采用仪表检测			

续表

工程名称							
检查项目名称		GB 50974 条款	查验内容		查验结果		
			查验要求	查验方法	查验情况	结论	备注
7	稳压泵	13.2.7 第1款	稳压泵的型号性能	直观检查			
		13.2.7 第2款	稳压泵的控制，有无防止稳压泵频繁启动的技术措施	直观检查			
		13.2.7 第3款	稳压主泵在1h内的启停次数	直观检查			
		13.2.7 第4款	稳压泵供电，自动手动启停功能	直观检查			
		13.2.7 第4款	稳压泵主备电源切换	直观检查			
8	气压水罐	13.2.7 第5款 13.2.10 第1款	气压水罐的有效容、调节容积和稳压泵启泵次数	直观检查			
9	水泵控制柜	13.2.16 第1款	控制柜的规格、型号、数量	对照图纸尺量检查			
		13.2.16 第2款	控制柜的图纸塑封后应牢固粘贴于柜门内侧	直观检查			
		13.2.16 第3款	控制柜的动作	直观检查			
		13.2.16 第4款	控制柜的质量	直观检查			
		13.2.16 第5款	主备电源自动切换装置的设置	直观检查			

续表

检查项目名称		GB 50974 条款	查验内容		查验结果		
工程名称							
			查验要求	查验方法	查验情况	结论	备注
10	水泵接合器	13.2.14	核对设计数量	对照设计资料直观检查			
		13.2.14	查看水泵接合器进水管位置	直观检查			
		13.2.14	水泵接合器充水试验，测试系统不利点的压力、流量	使用压表、流量计和直观检查			
11	减压阀	13.2.8 第1款	减压阀的型号、规格、设计压力和设计流量	使用压表、流量计和直观检查			
		13.2.8 第2款	减压阀前过滤器设置	直观检查			
		13.2.8 第3款	减压阀阀前阀后动静压力	使用压表、流量计和直观检查			
		13.2.8 第4款	减压阀处试验用压力排水管道	使用压表、流量计和直观检查			
		13.2.8 第5款	减压阀在最小流量、设计流量和设计流量的150%时噪声有无明显增加或管道出现喘振	使用压表、流量计和直观检查			
		13.2.8 第6款	减压阀的水头损失	使用压表、流量计和直观检查			
查验结论			□ 合格		□ 不合格		

B9 消火栓系统工程质量查验情况汇总

工程名称							
检查项目名称		GB 50974 条款	查验内容		查验结果		
			查验要求	查验方法	查验情况	结论	备注
1	干式消火栓系统报警阀组	13.2.11 第1款	查看设置位置及组件	直观检查			
		13.2.11 第2款	打开系统流量压力检测装置放水阀，测试流量和压力	直观检查和采用仪表检测			
		13.2.11 第3款	水力警铃设置位置	直观检查			
		13.2.11 第3款	实测水力警铃喷嘴压力及警铃声强	直观检查和采用仪表检测			
		13.2.11 第5款	控制阀锁定位置	直观检查			
		13.2.11 第3款	空气压缩机或火灾自动报警系统联动控制	直观检查和采用仪表检测			
2	管网	13.2.12 第1款	查看管道的材质、管径、接头、连接方式及防腐、防冻措施、管道标识	直观和尺量检查			
		13.2.12 第2款	管网排水坡度及辅助排水设施	直观检查			
		13.2.12 第3款	试验消火栓、自动排气阀设置	直观检查			
		13.2.12 第4款	报警阀组、闸阀、止回阀、电磁阀、信号阀、水流指示器、减压孔板、节流管、减压阀、柔性接头、排水管、排气阀、泄压阀等设置	直观和尺量检查			

续表

工程名称							
检查项目名称		GB50974条款	查验内容		查验结果		
			查验要求	查验方法	查验情况	结论	备注
2	管网	13.2.12第5款	测试干式系统充水时间	秒表测量			
		13.2.12第6款	干式消火栓系统报警阀后的管道仅应设置消火栓和有信号显示的阀门	直观和尺量检查			
		13.2.12第7款	架空管道的立管、配水支管、配水管、配水干管设置的支架	直观和尺量检查			
		13.2.12第8款	室外埋地管道	直观和尺量检查			
3	消火栓	13.2.13第1款	消火栓的设置场所、位置、规格、型号	对照图纸尺量检查			
		13.2.13第3款	消火栓设置位置	对照图纸尺量检查			
		13.2.13第4款	消火栓减压装置和活动部件灵活可靠性；栓后压力值	对照图纸尺量检查、仪表检测			
4	系统流量、压力的查验	13.2.15	通过系统流量、压力检测装置进行放水试验，室外消火栓测试系统流量、压力；系统流量、压力和消火栓充实水柱	使用压表、流量计和直观检查			
		13.2.15	通过系统流量、压力检测装置进行放水试验，测试室内消火栓系统流量、压力；系统流量、压力和消火栓充实水柱	使用压表、流量计和直观检查			

续表

工程名称							
检查项目名称		GB 50974 条款	查验内容		查验结果		
			查验要求	查验方法	查验情况	结论	备注
5	系统模拟灭火功能查验	13.2.17 第2款	流量开关、低压压力开关和报警阀压力开关动作，自动启动消防水泵及与其联锁的相关设备及信号反馈	直观检查			
		13.2.17 第3款	消防水泵启动信号反馈	直观检查			
		13.2.17 第4款	干式消火栓系统的干式报警阀的加速排气器动作及信号反馈	直观检查			
		13.2.17 第5款	其他消防联动控制设备启动及信号反馈情况	直观检查			
查验结论			□ 合格		□ 不合格		

B10 消防给水及消火栓系统 C 项(选择性条文)工程质量查验情况汇总

序号	查验项目名称	GB 50974 条款	查 验 内 容	查验结果
1	消防水池	13.2.9 第 4 款	管道、阀门和进水浮球阀等应便于检修，人孔和爬梯位置	
2	消防水池	13.2.9 第 5 款	消防水池吸水井、吸(出)水管喇叭口设置	
3	消防水箱	13.2.9 第 4 款	管道、阀门和进水浮球阀等应便于检修，人孔和爬梯位置	
4	气压水罐	13.2.10 第 2 款	气压水罐气侧压力	
5	干式消火栓系统报警阀组	13.2.11 第 4 款	打开手动试水阀动作可靠性	
6	室内消火栓	13.2.13 第 2 款	室内消火栓的安装高度	
7	系统模拟灭火功能试验	13.2.17 第 1 款	干式报警阀动作，水力警铃应鸣响，压力开关动作	

附录 2　自动喷水灭火系统查验报告

项目名称：________________________

查验内容：建筑给水排水及供暖

查验单位：________________________

编制日期：________年______月______日

说　　明

1. 此报告由建设单位组织设计、监理、施工、消防专业分包及技术服务机构对工程消防设计及合同约定的各项内容进行查验后填写并加盖公章。填写前请仔细阅读《中华人民共和国消防法》《建设工程消防设计审查验收管理暂行规定》等法律法规规章及政策文件。

2. 各单位应如实填写各项内容，对所填内容的真实性负责，不得虚构、伪造或编造查验情况，否则将承担相应的法律后果。

3. 填写应使用钢笔和能够长期保存字迹的墨水或打印，字迹清晰，文面整洁，不得涂改，增删无效。

4. 表格设定的栏目，应逐项填写；不需填写的，应画“\”。表格中的“□”，表示可供选择，在选中内容的“□”内画“✓”。建设单位的法定代表人、项目负责人、联系人姓名和联系电话必须填写。

5. 有距离、高度、宽度、长度、面积、厚度等要求的内容，其与设计图纸标示的数值误差满足国家工程建设消防技术标准的要求；国家工程建设消防技术标准没有数值误差要求的，误差不超过5%，且不影响正常使用功能和消防安全。

6. 查验结论应明确是否合格，对不合格项应说明理由。

7. 本报告无法人公章无效。

目　录

自动喷水灭火系统查验报告

<table>
<tr><td>工程名称</td><td colspan="9"></td></tr>
<tr><td>建设单位</td><td colspan="3"></td><td>联系人</td><td colspan="2"></td><td>联系电话</td><td colspan="2"></td></tr>
<tr><td rowspan="8">工程概况</td><td>建筑类别</td><td colspan="8"></td></tr>
<tr><td rowspan="7">规模</td><td rowspan="2">单体建筑名称</td><td rowspan="2">使用性质</td><td colspan="2">面积(m^2)</td><td colspan="2">高度(m)</td><td colspan="2">层数</td></tr>
<tr><td>地下</td><td>地上</td><td>地下</td><td>地上</td><td>地下</td><td>地上</td></tr>
<tr><td></td><td></td><td></td><td></td><td></td><td></td><td></td><td></td></tr>
<tr><td></td><td></td><td></td><td></td><td></td><td></td><td></td><td></td></tr>
<tr><td></td><td></td><td></td><td></td><td></td><td></td><td></td><td></td></tr>
<tr><td></td><td></td><td></td><td></td><td></td><td></td><td></td><td></td></tr>
<tr><td></td><td></td><td></td><td></td><td></td><td></td><td></td><td></td></tr>
<tr><td rowspan="5">结论汇总</td><td>序号</td><td colspan="2">项　目</td><td colspan="3">查验记录</td><td colspan="3">查验结论</td></tr>
<tr><td>1</td><td colspan="2">完成工程消防设计和合同约定的消防各项内容</td><td colspan="3">已完成工程消防设计和合同约定的消防各项内容</td><td colspan="3">□已完成　□未完成</td></tr>
<tr><td>2</td><td colspan="2">消防技术档案、施工管理资料</td><td colspan="3">共______项，经核查符合规定______项</td><td colspan="3">□合格　□不合格</td></tr>
<tr><td>3</td><td colspan="2">涉及自动喷水灭火系统的各分部分项工程验收</td><td colspan="3">共______分项，经查验符合消防设计文件及消防技术标准规定______分项</td><td colspan="3">□合格　□不合格</td></tr>
<tr><td>4</td><td colspan="2">自动喷水灭火系统性能、系统功能联调联试</td><td colspan="3">共______分项，经查验符合消防设计文件及消防技术标准规定______分项</td><td colspan="3">□合格　□不合格</td></tr>
</table>

续表

查验会签	施工单位：（单位印章）	项目负责人：（签章） 年　月　日
	监理单位：（单位印章）	监理工程师：（签章） 年　月　日
	设计单位：（单位印章）	项目负责人：（签章） 年　月　日
	建设单位：（单位印章）	项目负责人：（签章） 年　月　日
	查验单位：（单位印章）	项目负责人：（签章） 年　月　日

A 自动喷水灭火系统查验汇总表

子分部工程		分项工程	所属分部工程	是否符合经审查合格的消防设计文件、施工及验收规范要求	备注
一	供水设施安装与施工	1. 消防水泵和稳压泵安装	建筑给水排水及供暖	□是 □否	
		2. 消防水箱安装和消防水池施工		□是 □否	
		3. 消防气压给水设备安装		□是 □否	
		4. 消防水泵接合器安装		□是 □否	
二	管网及系统组件	5. 管网安装		□是 □否	
		6. 喷头安装		□是 □否	
		7. 报警阀组安装		□是 □否	
		8. 其他组件安装		□是 □否	
三	系统试压和冲洗	9. 水压试验		□是 □否	
		10. 气压试验		□是 □否	
		11. 冲洗		□是 □否	
四	系统验收	12. 供水水源的验收		□是 □否	
		13. 消防水泵房验收		□是 □否	
		14. 消防水泵验收		□是 □否	
		15. 报警阀组验收		□是 □否	
		16. 管网验收		□是 □否	
		17. 喷头验收		□是 □否	
		18. 水泵接合器验收		□是 □否	
		19. 系统流量、压力的验收		□是 □否	
		20. 系统模拟灭火功能试验		□是 □否	

注：自动喷水灭火系统分部工程质量应符合现行国家标准的规定，上述分项工程查验内容如未设置时，应在备注栏内注明。

B1 自动喷水灭火系统概况及查验数量一览表

自动喷水灭火系统概况					
名　称	安装数量	设置位置	查验抽样数量要求	查验抽样数量	查验位置
湿式报警阀			全数查验		
预作用报警阀			全数查验		
雨淋阀组			全数查验		
干式报警阀组			全数查验		
水力警铃			全数查验		
水流指示器			全数查验		
信号阀			按 GB 50261—2017 查验 30%且不小于 5 个		
末端试水装置			全数查验		
试水装置			全数查验		
喷头			特殊场所喷头全数查验； 其余场所按 GB 50261—2017 查验 5%且不小于 20 个		
管网排气阀			全数查验		

注：1. 表中的查验数量均为最低要求；

2. 各查验项目中有不合格的，应修复或更换，并应进行复验；复验时，对有查验比例要求的，应加倍查验。

B2 自动喷水灭火系统图(略)

B3 自动喷水灭火系统施工现场质量管理查验情况汇总

<table>
<tr><td>工程名称</td><td></td><td>施工许可证</td><td></td></tr>
<tr><td>建设单位</td><td></td><td>项目负责人</td><td></td></tr>
<tr><td>设计单位</td><td></td><td>项目负责人</td><td></td></tr>
<tr><td>监理单位</td><td></td><td>项目负责人</td><td></td></tr>
<tr><td>施工单位</td><td></td><td>项目负责人</td><td></td></tr>
<tr><td rowspan="2">资料查验</td><td colspan="3">查验内容：
自动喷水灭火系统施工现场质量管理检查记录×××份，其具体支撑文件或表格：
□1. 质量管理体系文件及质量运行记录×××份；
□2. 质量责任制文件及相应记录×××份；
□3. 特种作业审批记录(如动火证审批记录等)×××份；
□4. 施工图审查报告、特殊建设工程消防设计审查意见书等法律文书×××份；
□5. 施工图组织设计、施工方案；
□6. 施工技术标准：经批准的施工图、设计说明书、设计变更通知单、技术交底单等×××份；产品质量有效证明文件×××份；
□7. 工序交接、相关专业工程之间交接等质量检查记录×××份；
□8. 现场材料、设备管理制度及记录×××份；
□9. 查验问题整改清单×××份。</td></tr>
<tr><td colspan="3">查验过程：
××××年××月××日×××公司提供核查资料×××份，经现场核验×××份……(核查情况描述)；
××××年××月××日×××公司提供核查资料×××份，经现场核验×××份……(核查情况描述)</td></tr>
<tr><td>查验结论</td><td colspan="3">经核查，施工现场质量管理检查、资料核查均能按规范执行并形成相应记录，记录完整、齐全，符合《自动喷水灭火系统施工及验收规范》(GB 50261—2017)规范要求。</td></tr>
</table>

B4 自动喷水灭火系统试压查验情况汇总

工程名称		建设单位	
施工单位		监理单位	
资料查验	查验内容： □1. 自动喷水灭火系统管网试压记录×××份，其具体支撑文件或表格； □2. 查验问题整改清单×××份。 查验过程： ××××年××月××日×××公司提供核查资料×××份，经现场核验×××份(管段号：×××，材质：×××，系统工作压力(MPa)：×××，温度(℃)：×××，压力试验介质：×××，压力试验压力(MPa)：×××，时间(min)：×××，结论：…… ××××年××月××日×××公司提供核查资料×××份，经现场核验×××份(管段号：×××，材质：×××，系统工作压力(MPa)：×××，温度(℃)：×××，压力试验介质：×××，压力试验压力(MPa)：×××，时间(min)：×××，结论：……		
查验结论	经核查，管道冲洗后，能按规范要求进行压力试验，试验压力为系统工作压力的 1.5 倍，稳压时间符合规范要求，并填写相应记录表格，记录完整、齐全，符合《自动喷水灭火系统施工及验收规范》(GB 50261—2017)规范要求。		

B5 自动喷水灭火系统管网冲洗查验情况汇总

<table>
<tr><td>工程名称</td><td></td><td>建设单位</td><td></td></tr>
<tr><td>施工单位</td><td></td><td>监理单位</td><td></td></tr>
<tr><td rowspan="2">资料查验</td><td colspan="3">查验内容：
□1. 自动喷水灭火系统管网冲洗记录×××份，其具体支撑文件或表格；
□2. 查验问题整改清单×××份。</td></tr>
<tr><td colspan="3">查验过程：
××××年××月××日××××公司提供核查资料×××份，经现场核验×××份(管段号：×××，材质：×××，冲质介质：×××，冲洗压力(MPa)：×××，流速(m/s)：×××，流量(L/S)：×××，冲洗次数：×××，结论：……
××××年××月××日×××公司提供核查资料×××份，经现场核验×××份(管段号：×××，材质：×××，冲洗介质：×××，冲洗压力(MPa)：×××，流速(m/s)：×××，流量(L/S)：×××，冲洗次数：×××，结论：……</td></tr>
<tr><td>查验结论</td><td colspan="3">经核查，管道安装固定后，能按规范要求，采用最大设计流量，沿灭火时管网内的水流方向分区、分段进行冲洗，并填写相应记录表格，记录完整、齐全，符合《自动喷水灭火系统施工及验收规范》(GB 50261—2017)规范要求。</td></tr>
</table>

B6 自动喷水灭火系统联动试验查验情况汇总

工程名称			建设单位	
施工单位			监理单位	
系统类型	启动信号（部位）	联动组件动作			
		名称	是否开启	要求动作时间	实际动作时间
湿式系统	末端试水装置	水流指示器		—	—
		湿式报警阀		—	—
		水力警铃		—	—
		压力开关		—	—
		水泵		5min 内	
水幕、雨淋系统	温与烟信号	雨淋阀		—	—
		水泵		5min 内	
	传动管启动	雨淋阀		—	—
		压力开关		—	
		水泵		5min 内	
干式系统	模拟喷头动作	干式阀		—	—
		水力警铃		—	—
		压力开关		—	—
		充水时间		1min	
		水泵		5min 内	
预作用系统	模拟喷头动	预作用阀		—	—
		水力警铃		—	—
		压力开关		—	—
		充水时间		2min 内	
		水泵		5min 内	

B7 自动喷水灭火系统施工程质量控制资料查验情况汇总

<table>
<tr><td>工程名称</td><td></td><td>施工单位</td><td></td></tr>
<tr><td rowspan="2">资料查验</td><td colspan="3">查验内容：
自动喷水灭火系统工程质量控制资料核查记录×××份，其具体支撑文件或表格：
□1. 验收申请报告、设计施工图、设计变更文件、竣工图×××份、特殊建设工程消防设计审查意见书等法律文书×××份；
□2. 主要设备、组件的国家质量监督检测测试中心的检查报告和产品出厂合格证×××份；
□3. 与系统相关的电源、备用动力、电气设备以及联动控制设备等验收合格证明×××份；
□4. 施工记录表，系统试压记录表，系统管道冲洗记录表，隐蔽工程验收记录表，系统联动控制试验记录表，系统调试记录表×××份；
□5. 系统及设备使用说明书×××份；
□6. 新技术论证、备案及施工记录×××份；
□7. 查验问题整改清单×××份。</td></tr>
<tr><td colspan="3">查验过程：
××××年××月××日×××公司提供核查资料×××份，经现场核验×××份……(核查情况描述)；
××××年××××月×××日××××公司提供核查资料×××份，经现场核验×××份……(核查情况描述)</td></tr>
<tr><td>查验结论</td><td colspan="3">经核查，施工现场质量控制、资料核查均能按规范要求执行，并填写相应记录表格，记录完整、齐全，符合《自动喷水灭火系统施工及验收规范》(GB 50261—2017)规范要求。</td></tr>
</table>

B8 自动喷水灭火系统工程质量查验情况汇总

工程名称							
序号	查验项目名称	GB 50261条款	查验内容		查验结果		
			查验要求	查验方法	查验情况	结论	备注
1	报警阀组	8.0.7第1款	查看设置位置及组件	观察检查			
		8.0.7第2款	测试流量和压力	使用流量计、压力表观察检查			
		8.0.7第3款	水力警铃设置位置	观察和尺量检查			
		8.0.7第3款	实测水力警铃喷嘴压力及警铃声强	打开阀门放水，使用压力表、声级计和尺量检查			
		8.0.7第4款	打开手动试水阀或电磁阀，雨淋阀动作	观察检查			
		8.0.7第6款	空气压缩机或火灾自动报警系统联动控制	观察检查			
		8.0.7第7款	打开末端试(放)水装置，报警阀组动作后，压力开关动作时间	观察检查			
		8.0.7第7款	打开末端试(放)水装置，雨淋报警阀动作后，压力开关动作的时间	打开末端试(放)水装置阀门放水，使用压力表、秒表检查			

续表

工程名称							
序号	查验项目名称	GB 50261条款	查验内容		查验结果		
			查验要求	查验方法	查验情况	结论	备注
2	管网	8.0.8第1款	查看管道的材质、管径、接头、连接方式及防腐、防冻措施	尺量检查			
		8.0.8第4款	报警阀组、闸阀、止回阀、电磁阀、信号阀、水流指示器、减压孔板、节流管、减压阀、柔性接头、排水管、泄压阀等设置	对照图纸观察检查			
		8.0.8第5款	测试干式系统充水时间	通水试验，用秒表检查			
		8.0.8第5款	测试由火灾自动报警系统和充气管道上压力开关开启的预作用系统充水时间	通水试验，用秒表检查			
		8.0.8第5款	测试由火灾自动报警系统联动开启预作用系统充水时间	通水试验，用秒表检查			
		8.0.8第5款	测试雨淋系统充水时间	通水试验，用秒表检查			
3	喷头	8.0.9第1款	查验设置场所、规格、型号、公称动作温度、响应指数	对照图纸尺量检查			
		8.0.9第2款	喷头安装间距	对照图纸尺量检查			
		8.0.9第2款	喷头与楼板、墙、梁等障碍物的距离	对照图纸尺量检查			

续表

<table>
<tr><td colspan="2">工程名称</td><td colspan="6"></td></tr>
<tr><td rowspan="2">序号</td><td rowspan="2">查验项目名称</td><td rowspan="2">GB 50261 条款</td><td colspan="2">查验内容</td><td colspan="3">查验结果</td></tr>
<tr><td>查验要求</td><td>查验方法</td><td>查验情况</td><td>结论</td><td>备注</td></tr>
<tr><td>4</td><td>系统流量、压力试验</td><td>8.0.11</td><td>通过系统流量压力检测装置进行放水试验，测试系统流量、压力</td><td>观察检查、使用压力表测量</td><td></td><td></td><td></td></tr>
<tr><td rowspan="5">5</td><td rowspan="5">系统模拟灭火功能试验</td><td>8.0.12 第3款</td><td>压力开关动作联动启动消防水泵及与其联动的相关设备及信号反馈</td><td>观察检查</td><td></td><td></td><td></td></tr>
<tr><td>8.0.12 第4款</td><td>电磁阀打开，雨淋阀开启及信号反馈</td><td>观察检查</td><td></td><td></td><td></td></tr>
<tr><td>8.0.12 第5款</td><td>消防水泵启动及信号反馈</td><td>观察检查</td><td></td><td></td><td></td></tr>
<tr><td>8.0.12 第6款</td><td>加速排气器动作及信号反馈</td><td>观察检查</td><td></td><td></td><td></td></tr>
<tr><td>8.0.12 第7款</td><td>其他消防联动控制设备启动及信号反馈</td><td>观察检查</td><td></td><td></td><td></td></tr>
<tr><td colspan="3">查验结论</td><td colspan="2">□ 合格</td><td colspan="3">□ 不合格</td></tr>
</table>

B9 自动喷水灭火系统 C 项(选择性条文)工程质量查验情况汇总

序号	查验项目名称	GB 50261 条款	查验内容	查验结果
1	报警阀组	8.0.7 条第 5 款	报警阀组控制阀锁定位置	
2	管网	8.0.8 条第 2 款	管网排水坡度及辅助排水设施	
3	管网	8.0.8 条第 3 款	末端试水装置、试水阀、排气阀设置	
4	管网	8.0.9 条第 3 款	查看管网防腐、防冻防护措施	
5	喷头	8.0.9 条第 4 款	有碰撞危险场所安装的喷头的防护措施	
6	喷头	8.0.9 条第 5 款	查验备用喷头数	
7	系统模拟灭火功能试验	8.0.11 条第 1 款	报警阀动作，水力警铃应鸣响	
8	系统模拟灭火功能试验	8.0.11 条第 2 款	水流指示器动作及信号反馈	

参 考 文 献

[1]汪诚丁. 消防工程中自动化技术的应用探讨[J]. 山东工业技术, 2019(03): 248.
[2]翟德峰. 浅谈自动喷水灭火系统设计[J]. 天津化工, 2019, 33(01): 57-58.
[3]孙震宁, 谢天光, 郝爱玲. 细水雾喷放条件下的用电安全性研究现状[J]. 消防科学与技术, 2018, 37(12): 1687-1689, 1699.
[4]陈雷. 简析高层建筑消防防火排烟设计[J]. 低碳世界, 2018(12): 207-208.
[5]丁显孔. 消防设施操作员关键技能设定探讨[J]. 消防技术与产品信息, 2018, 31(11): 33-35.
[6]王艺明. 电气防火中的消防电源和防火门监控分析[J]. 电子世界, 2018(21): 99.
[7]李薇. 自动化技术在消防工程中的应用[J]. 化工管理, 2018(31): 120.
[8]倪天晓. 消防电气系统的常见问题及原因分析[J]. 中国设备工程, 2018(20): 183-185.
[9]寇殿良, 袁建平, 陈雪梅. 高压细水雾灭火系统在综合管廊中的应用[J]. 中国给水排水, 2018, 34(20): 72-75.
[10]孙惠择. 高层建筑消防设施和器材安装的问题[J]. 建材与装饰, 2018(40): 140-141.
[11]陆茵. 智能化技术在建筑中的作用探析[J]. 智能城市, 2018, 4(13): 41-42.
[12]李庚. 基于物联网的自动化消防协同控制系统设计与实现[D]. 湖南大学, 2018.
[13]国赢. 电气自动化控制在消防工程中的应用解析[J]. 建材与装饰, 2018(15): 212-213.
[14]周小华. 自动化技术在消防工程中的应用分析[J]. 中国新技术新产品, 2018(05): 143-144.
[15]罗海波. 基于配网自动化的智能消防系统[J]. 通讯世界, 2018(02): 152-153.
[16]胡智剑. 网络技术在消防防火和灭火工程中的应用研究[J]. 四川水泥, 2018(02): 116.
[17]李焕宏, 汤立清, 凌文祥. 智能管网式干粉灭火系统[J]. 消防科学与技术, 2018, 37(01): 53-54, 58.
[18]曹媛, 张赟, 林耀. 论自动化技术在消防工程中的应用[J]. 电子世界, 2017(17): 174.
[19]宋长海. 无线火灾自动报警系统的设计与实现[D]. 哈尔滨: 哈尔滨工业大学, 2017.
[20]王森. 新消防安全技术加速济南油库智能化建设[J]. 当代化工研究, 2017(08):

139-140.
[21]杨俊艳．基于Web技术的消防设施管理系统的设计与实现[D]．北京：中国科学院大学(中国科学院工程管理与信息技术学院)，2017.
[22]刘业辉．基于智能控制的消防系统研究[D]．南昌：华东交通大学，2017.
[23]郑宇翔，任海涛．浅析消防工程自动化应用技术[J]．科技创新与应用，2017(17)：295.
[24]刘彦嘉．探究自动化技术在消防工程中的应用[J]．现代工业经济和信息化，2017，7(06)：53-54.
[25]回凤桐．智能建筑自动化消防系统应用中存在的问题及对策[J]．消防界(电子版)，2016(12)：51.
[26]隋文．水喷雾系统在液化石油气储罐消防冷却的应用[J]．辽宁化工，2015，44(03)：337-340.
[27]刘中麟．新型水基添加剂灭火有效性研究[D]．郑州：郑州大学，2015.
[28]顾伟．浅谈高层建筑消防安全自动化[J]．石河子科技，2013(04)：50-52.
[29]荆胜南，周文高，吴浩．自动化技术在消防工程中的应用[J]．黑龙江科技信息，2011(03)：51-52.
[30]李佳音．浅议智能建筑中消防自动控制系统的应用．河南省金属学会．河南省金属学会2010年学术年会论文集[C]．河南省金属学会：河南省科学技术协会，2010：7.
[31]林菁，王骥，沈玉利．智能建筑火灾自动报警与消防联动系统研究[J]．建筑科学，2008(07)：101-104，51.
[32]应急管理部消防救援局．消防安全技术综合能力[M]．北京：中国计划出版社，2022.
[33]崔启佳，兰莹莹．浅谈建筑消防水系统的排水措施[J]．中国房地产业，2018，000(14)：265.